普通高等教育"十三五"应用型人才培养规划教材

Visual C#
任务导向型实训教程

Visual C# RENWU DAOXIANGXING
SHIXUN JIAOCHENG

主　编／甘井中　邱　杰　吕　洁
副主编／覃斌毅　杨秀兰　黄恒杰

西南交通大学出版社
·成都·

图书在版编目（CIP）数据

Visual C# 任务导向型实训教程 / 甘井中, 邱杰, 吕洁主编. 一成都：西南交通大学出版社, 2019.4
普通高等教育"十三五"应用型人才培养规划教材
ISBN 978-7-5643-6821-0

Ⅰ. ①V… Ⅱ. ①甘… ②邱… ③吕… Ⅲ. ①C语言－程序设计－高等学校－教材 Ⅳ. ①TP312.8

中国版本图书馆 CIP 数据核字（2019）第 067318 号

普通高等教育"十三五"应用型人才培养规划教材

| Visual C#任务导向型实训教程 | 主编 甘井中 邱 杰 吕 洁 | 责任编辑　李华宇 封面设计　墨创文化 |

印张　17.5　字数　417千	出版发行　西南交通大学出版社
成品尺寸　185 mm×260 mm	网址　http://www.xnjdcbs.com
版次　2019年4月第1版	地址　四川省成都市金牛区二环路北一段111号 　　　西南交通大学创新大厦21楼
印次　2019年4月第1次	邮政编码　610031
印刷　四川森林印务有限责任公司	发行部电话　028-87600564　028-87600533
书号　ISBN 978-7-5643-6821-0	定价　48.00元

课件咨询电话：028-87600533
图书如有印装质量问题　本社负责退换
版权所有　盗版必究　举报电话：028-87600562

前 言

微软的.NET 技术是目前相当流行的技术，代表了未来 Internet 技术发展的方向之一。微软在.NET 技术上投入了大量的人力、物力，把公司未来战略重心放在了.NET 技术上。ASP.NET 技术和 ASP 技术有些关系，但又不仅仅是继承关系，而且变得面目全非、不在一个量级上。

ASP.NET 完全基于模块与组件，具有更好的可扩展性与可定制性，数据处理方面更是引入了许多激动人心的新技术，正是这些具有革新意义的新特性，让 ASP.NET 远远超越了ASP，同时也提供给 Web 开发人员更好的灵活性，有效缩短了 Web 应用程序的开发周期。

基于上述原因，同时考虑市面上已出版有大量 ASP.NET 基础入门、编程进阶的图书，玉林师范学院网络工程编写团队从任务导向的角度，编写了一本关于这方面的、通过多个层级的实训任务来引导读者完善 ASP.NET 知识结构的教材，以培养读者自觉探寻知识的能力。

本书面向初、中、高级用户，全面系统地介绍了 ASP.NET 的特点、基础知识和具体应用。本书由浅入深地讲解了 ASP.NET 技术，是基于 VC#.NET 实现 Web 开发的。因此，如果读者对 VC 或 ASP 很熟悉，将会很快就可以上手。如果读者精通其他的编程语言，通过对本书的学习，也能掌握编程的前沿技术。具体来说，本书具有以下一些特点：

1. 循序渐进，深入浅出

为了能够方便读者学习，本书前面几个章节详细地讲解了 ASP.NET 开发工具的安装、数据库系统的安装以及 ASP.NET 的基本知识。ASP.NET 使用的是面向对象的思想进行应用程序开发，本书还详细地讲解了面向对象的概念以及最新的开发模型。

2. 技术全面，内容充实

ASP.NET 应用程序的开发会遇到诸多问题，本书着手实际开发经验，在 ASP.NET 应用程序开发中详细地讲解了如何进行高效的 ASP.NET 应用程序开发。不仅如此，本书还详细地讲解了如何使用互联网上现有的、优秀的开源项目进行应用程序开发以提高开发效率，同时，读者还能够通过了解简单易懂的开源项目深入学习 ASP.NET 应用程序开发。

3. 分类讲解，理解深刻

本书通过将一些固定的知识进行分类讲解，举一反三。本书的控件篇主要讲解了基础控件和若干高级控件以及网站应用程序的配置方法；数据篇详细地讲解了数据源控件和数据绑定控件，以便读者能够详细地对知识进行分类。

4. 案例精讲，深入剖析

在.NET 应用平台下进行 Web 网站开发都非常简单。本书在章节中配备了详细的例子进行讲解，在一些实例中，详细地讲解了模块开发的流程以及开发的技巧和规范，能够帮助读者学习规范的应用程序开发技巧。

5. 最新技术前瞻

在.NET 应用平台下进行应用程序开发，无须学习过多的新知识，包括 MVC、WCF、WPF 等应用程序开发都是基于.NET 平台的，开发人员能够使用相同的开发方法进行不同的应用程序开发。本书详细地介绍了最新的技术以及技术走向，以便读者能够快速地为最新的技术做好准备而无须担心技术的淘汰问题。

6. 规范的开发，更多的技巧

本书在实例章节中，详细地介绍了如何进行规范的应用开发，包括设计需求分析文档及编写类图等。

编　者

2018 年 11 月

目 录

第1章 ASP.NET 与开发工具 ··············· 1
1.1 什么是 ASP.NET ··············· 1
1.1.1 ASP.NET 与 ASP ··············· 1
1.1.2 ASP.NET 开发工具 ··············· 2
1.1.3 ASP.NET 客户端 ··············· 2
1.2 .NET 应用程序框架 ··············· 2
1.2.1 什么是.NET 应用程序框架 ··············· 3
1.2.2 公共语言运行时（Common Language Runtime，CLR）··············· 3
1.2.3 服务框架（Services Framework）··············· 4
1.3 安装 Visual Studio 2010 ··············· 4
1.3.1 安装 Visual Studio 2010 ··············· 4
1.3.2 初步熟悉 Visual Studio 2010 的使用 ··············· 10
1.4 安装 SQL Server 2008 ··············· 13
1.4.1 下载 SQL Server 2008 R2 企业版 ··············· 13
1.4.2 进入安装程序 ··············· 13
1.5 小 结 ··············· 23

第2章 C#程序设计基础 ··············· 24
2.1 C#程序 ··············· 24
2.1.1 C#程序的结构 ··············· 24
2.1.2 C#的代码设置 ··············· 24
2.2 C#的数据类型 ··············· 27
2.2.1 值类型 ··············· 27
2.2.2 引用类型 ··············· 29
2.3 变量和常量 ··············· 29
2.3.1 变 量 ··············· 29
2.3.2 声明并初始化变量 ··············· 30
2.3.3 变量的分类 ··············· 31
2.3.4 常 量 ··············· 32
2.4 编写表达式 ··············· 34
2.4.1 表达式和运算符 ··············· 34
2.4.2 运算符的优先级 ··············· 38
2.5 使用选择语句 ··············· 39

  2.5.1　if 语句的使用方法 ······ 39
  2.5.2　switch 选择语句的使用 ······ 41
 2.6　使用循环语句 ······ 43
  2.6.1　for 循环语句 ······ 43
  2.6.2　while 循环语句 ······ 44
  2.6.3　do while 循环语句 ······ 45
  2.6.4　foreach 循环语句 ······ 46
 2.7　异常处理语句 ······ 47
  2.7.1　throw 异常语句 ······ 47
  2.7.2　try-catch-finally 异常语句 ······ 48
 2.8　小　　结 ······ 48

第 3 章　Web 窗体基本介绍 ······ 50

 3.1　Web FORM ······ 50
 3.2　我的第一个 Page ······ 50
 3.3　Web 页面处理过程 ······ 51
  3.3.1　页面的一次往返处理 ······ 51
  3.3.2　页面重建 ······ 51
  3.3.3　页面处理内部过程 ······ 53
 3.4　Web Form 事件模型 ······ 76
  3.4.1　例子一：多按钮事件 ······ 76
  3.4.2　例子二：AutoPostBack ······ 81
 3.5　小　　结 ······ 83

第 4 章　Web 服务器端控件 ······ 84

 4.1　服务器端控件示例 ······ 84
 4.2　文本输入控件 ······ 87
 4.3　按钮控件 ······ 92
 4.4　复选控件 ······ 96
 4.5　单选控件 ······ 96
 4.6　列表框 ······ 97
 4.7　RequiredFieldValidator ······ 101
 4.8　ValidationSummary ······ 102
 4.9　使用 Panel 控件 ······ 106
 4.10　选择控件 ······ 110
 4.11　ImageButton 控件 ······ 116
 4.12　列表控件 ······ 118
 4.13　重复列表 Repeator ······ 122
 4.14　数据列表 DataList ······ 126

4.15 数据表格 DataGrid···138
4.16 小　　结···145

第 5 章　自定义控件与 HTML 控件···146
5.1 代码和模板的分离···146
5.2 自定义控件···149
5.3 组合控件··150
5.4 继承控件··153
5.5 HtmlButton··163
5.6 HtmlForm··165
5.7 HtmlImages···166
5.8 TextArea···167
5.9 InputHidden··168
5.10 HtmlTable··170
5.11 HtmlGenericControl··173
5.12 HtmlInputButton···174
5.13 小　　结···177

第 6 章　ADO.NET 基础··179
6.1 Managed Provider···179
6.2 DataSet···180
　6.2.1 TablesCollection 对象···180
　6.2.2 RelationsCollection 对象···181
　6.2.3 ExtendedProperties 对象···181
　6.2.4 小　　结··181
6.3 ADO.NET 访问数据库的步骤··181
6.4 ADO.NET 对象模型概览···182
　6.4.1 ADOConnection··182
　6.4.2 ADODatasetCommand··183
　6.4.3 小　　结··185
6.5 数据库连接字符串···186
　6.5.1 两种数据库连接方式··186
　6.5.2 3 种方法的对比··192
6.6 使用 DataSets···196
　6.6.1 从数据库得到 DataSets 的使用······································196
　6.6.2 编程实现 DataSet··197
　6.6.3 使用 DataTable···200
　6.6.4 数据的载入··203
　6.6.5 DataReader 的使用方法···204

  6.6.6 小　结 …………………………………………………………… 208

第 7 章　数据绑定技术 ……………………………………………………… 209
 7.1　简　介 ………………………………………………………………… 209
 7.2　列表绑定控件是如何工作 …………………………………………… 209
  7.2.1　DataSource 属性 ……………………………………………… 209
  7.2.2　Items 集合 ……………………………………………………… 223
  7.2.3　数据绑定和 Items 集合的创建 ………………………………… 223
  7.2.4　Style 属性 ……………………………………………………… 224
  7.2.5　Template 模板 …………………………………………………… 224
 7.3　模板里的数据绑定 …………………………………………………… 224
  7.3.1　Repeater 控件 …………………………………………………… 239
  7.3.2　DataList 控件 …………………………………………………… 242
  7.3.3　DataGrid 控件 …………………………………………………… 245
  7.3.4　Repeater, DataList, DataGrid 的选择 ………………………… 253
 7.4　小　结 ………………………………………………………………… 254

第 8 章　项目实战之电子商铺 ……………………………………………… 255
 8.1　系统设计 ……………………………………………………………… 255
  8.1.1　系统功能描述 …………………………………………………… 255
  8.1.2　功能模块划分 …………………………………………………… 255
  8.1.3　系统流程分析 …………………………………………………… 256
 8.2　数据库设计 …………………………………………………………… 257
  8.2.1　数据库需求分析 ………………………………………………… 257
  8.2.2　数据库概念结构设计 …………………………………………… 257
  8.2.3　数据库逻辑结构设计 …………………………………………… 258
 8.3　连接数据库 …………………………………………………………… 262
 8.4　界面设计 ……………………………………………………………… 265
  8.4.1　系统首页面界面设计 …………………………………………… 266
  8.4.2　会员登录模块界面设计 ………………………………………… 267
  8.4.3　商品查找模块界面设计 ………………………………………… 267
  8.4.4　商品分类列表模块界面设计 …………………………………… 267
  8.4.5　最受欢迎商品模块界面设计 …………………………………… 268
  8.4.6　商品详细信息模块界面设计 …………………………………… 268
  8.4.7　购物车模块界面设计 …………………………………………… 268
  8.4.8　订单查询模块界面设计 ………………………………………… 270
 8.5　模块功能设计与代码实现分析 ……………………………………… 271

参考文献 ……………………………………………………………………… 272

第 1 章　ASP.NET 与开发工具

从本章开始，读者将能够系统地学习这门微软主推的编程技术——ASP.NET。本书先从基础知识开始进行讲解，逐渐让读者体会开发工具的使用，为读者将来能够使用 C#进行高效的开发打下坚实的基础。

1.1　什么是 ASP.NET

要想了解 ASP.NET，并深入地研究 ASP.NET 的运作机制，就必须先了解.NET 技术。因为作为微软推出的 ASP 的下一代 Web 开发技术，ASP.NET 是一套免费的网络架构，是为了构建网站或者网络应用的一个框架，它从本质上是基于.NET 平台而存在的。下面先来了解与.NET 相关的知识。

1.1.1　ASP.NET 与 ASP

ASP 与 ASP.NET 是微软公司在 Web 应用程序开发上的两项重要技术，但由于它们诞生的时间与背景不同，ASP.NET 可以算作是 ASP 的下一个版本。ASP.NET 相对于 ASP 来说不仅仅在于功能的增强，最重要的在于编程思维的转换。所以它们之间的区别相对比较大，主要区别在开发语言、运行机制、运行环境、开发方式等方面的不同。

（1）开发语言不同。ASP 的开发语言仅局限于使用 Non-type 脚本语言，给客户端脚本添加代码和给页面添加 ASP 代码的方法是一样的。

ASP.NET 的开发语言更为广泛，可以使用符合.NET Framework 规范的任何一种功能完善的 Strongly-type 编程语言（如 Visual Basic、C#）。

（2）运行机制不同。ASP 是解释型的编程框架，因没有事先编译，而是一边解释一边执行，故而页面的执行效率相对较低。ASP.NET 是编译型的编程框架，服务器上运行的是已经编译好的代码，因此可以利用早期绑定来实时编译，进而提高执行效率。

（3）运行环境不同。ASP 的运行环境是 Windows 操作系统及 IIS。ASP.NET 的运行环境除了 Windows 操作系统及 IIS，还需要安装.NET Framework。

（4）开发方式不同。ASP 将用户界面层和应用程序逻辑层的代码混合写在一起，因此在维护和复用方面比较困难。ASP.NET 将用户界面层和应用程序逻辑层的代码分离开，程序的复用性和维护性都得到了提高。

（5）诞生的时间不同。1886 年 11 月，微软公司推出了 ASP（Active Server Pages）技术。2002 年 01 月，微软公司推出了 ASP.NET 技术。

可以说微软重新将 ASP 进行编写和组织形成了 ASP.NET 技术。随着计算机科学与技术的发展，面对日益增长的互联网需求，不得不说 ASP 已经是过时的技术。相比之下，基于.NET 平台的 ASP.NET 却能够适应和解决复杂的互联网需求。

1.1.2 ASP.NET 开发工具

开发.NET 应用程序可以通过多种方式进行。最简单的方式是用文本编辑工具（如记事本等）编辑程序，然后利用编译命令（如 vbc、csc 等）进行编译。目前流行的开发环境是 Visual Studio，是大多数开发人员的首要选择。Visual Studio 为开发大型应用程序提供了强大的支持功能。

Visual Studio 开发环境在人机交互的设计理念上更加完善，使用 Visual Studio 开发环境进行应用程序开发能够极大地提高开发效率，实现复杂的编程应用。图 1-1 所示为一个新建网站页。

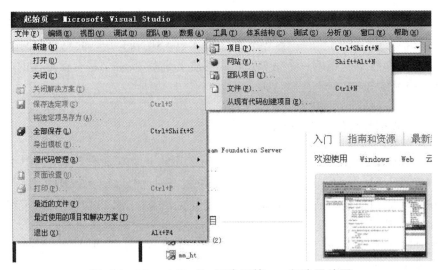

图 1-1 Visual Studio 开发环境——新建网站页

使用 Visual Studio 开发环境进行 ASP.NET 应用程序开发不但能够直接编译和运行 ASP.NET 应用程序，还能够向用户提供虚拟的服务器环境，用户可以像 C/C++应用程序编写一样在开发环境中进行应用程序的编译和运行。

1.1.3 ASP.NET 客户端

作为基于 Web 的应用程序，ASP.NET 的用户可以使用浏览器作为客户端进行程序的访问和使用，因此 ASP.NET 应用程序的客户端部署成本低，可以在服务器端进行更新而无须进入客户端进行客户端的更新。

1.2 .NET 应用程序框架

.NET 应用程序框架是 ASP.NET 及其应用程序的基础。无论是 ASP.NET 应用程序还是 ASP.NET 应用程序中所提供的控件，都不能离开.NET 应用程序框架的支持。

1.2.1 什么是.NET应用程序框架

.NET框架（.NET Framework）是由微软公司开发，一个致力于敏捷软件开发（Agile Software Development）、快速应用开发（Rapid Application Development）、平台无关性和网络透明化的软件开发平台。

.NET框架是一个多语言组件开发和执行环境，提供了一个跨语言的统一编程环境。.NET框架的目的是便于开发人员更容易地建立Web应用程序和Web服务，使得Internet上的各应用程序之间，可以使用Web服务进行沟通。从层次结构来看，.NET框架又包括3个主要组成部分：公共语言运行时（CLR，Common Language Runtime）、服务框架（Services Framework）和上层的两类应用模板——传统的Windows应用程序模板（Win Forms）和基于ASP.NET的面向Web的网络应用程序模板（Web Forms和Web Services）。

1.2.2 公共语言运行时（Common Language Runtime，CLR）

公共语言运行时（Common Language Runtime，CLR）是.NET平台下各种编程语言使用的运行时机制，是.NET应用程序的执行引擎。

CLR是一个运行时环境，管理代码的执行并使开发过程变得更加简单。CLR是一种受控的执行环境，其功能通过编译器与其他工具共同展现。具体来说，CLR为开发人员提供以下服务：

（1）语言集成：使用.NET平台下的语言（C#、Visual Basic）开发的代码，可以在CLR环境下紧密无缝地进行交叉调用。

（2）内存管理：CLR提供了垃圾回收（Garbage Collector）机制，可以自动管理内存。当对象或变量的生命周期结束后，CLR会自动释放其所占用的内存。

（3）自描述组件：自描述组件是指将所有数据和代码都放在一个文件中的执行文件。自描述组件可以大大简化系统的开发和配置，并且改进系统的可靠性。

（4）跨语言异常处理：处理异常时不用考虑生成异常的语言或处理异常的语言。也就是说，可以在C#程序中捕获用Visual Basic.NET编写的组件中引发的异常。

（5）安全性：托管代码在执行的过程中完全被运行时环境所控制，不能直接访问操作系统。

另外，微软公司提供了公共语言规范（Common Language Specification，CLS）和通用类型系统（Common Type System，CTS），它们使得任何希望编写与CLR兼容的语言的公司都可以实现其愿望。只要遵循CLS和CTS对其原来的语言进行修改，就可以称为支持.NET开发的新编程语言。CTS、CLS、CLR的关系如图1-2所示。

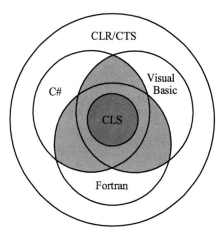

图1-2　CTS、CLS、CLR的关系

1.2.3 服务框架（Services Framework）

在 CLR 之上的是服务框架，它提供了一套开发人员希望在标准语言库中存在的基类库，包括集合、输入/输出、字符串及数据类。

那么，在 Windows DNA（分布式集成网络应用体系结构）之后，微软提出新的.NET 框架(新托管代码编程模型)的主要原因是什么？

问题发生在已开发了多种技术的整合的一个单一应用程序的子系统上。例如，一个制造企业有不同的系统，如库存管理系统、物料清单系统，财务总账系统及所有可用于应用程序开发的各种技术实现的系统，这些系统需要集成在一起，从而形成一个更高级别的企业信息系统的组织。要做到这一点，应用程序开发人员必须使用如微软的分布式组件对象模型（DCOM）、通用对象请求代理体系结构（CORBA）、Java 远程方法调用（RMI）等技术。这些分布的技术需要通过已开发的应用程序编程语言非常紧密地耦合在一起。

然而，跨语言的互操作性是受限的。例如，如果在 Visual C++中类已经被创建，那么不可能在 Visual Basic 中开发新的类并将其扩展到 Visual C++。因此，开发者将不得不用每一种项目中用到的语言重新编写同样的逻辑的类。功能的可重用性得到了支持，但在早期的技术中，真正的代码的可重用性是较低的。因此，开发人员不得不学习被用于应用程序的开发组织用到的所有语言、注册的 COM 组件。COM 组件注册，才可以在目标机器上使用的应用程序。应用程序必须查找 Windows 注册表中查找并加载的 COM 组件。

1.3 安装 Visual Studio 2010

Visual Studio 系列产品被认为是世界上最好的开发环境之一。使用 Visual Studio 2010 能够快速构建 ASP.NET 应用程序并为 ASP.NET 应用程序提供所需要的类库、控件和智能提示等支持。本节将介绍如何安装 Visual Studio 2010 并介绍 Visual Studio 2010 中的窗口使用和操作方法。

1.3.1 安装 Visual Studio 2010

1. 下 载

下载 Visual Studio 2010 简体中文版安装包。

2. 安 装

下载之后得到一个 ISO 文件，不需要用虚拟光驱打开，直接解压即可。解压之后找到 Setup 文件夹，如图 1-3 所示。

进入文件夹找到 setup.sdb 文件，用记事本打开，这时会看到一些关于软件的版本、证书等信息。

（1）开始安装。在目录内双击 setup.exe 安装程序，如图 1-4 所示。

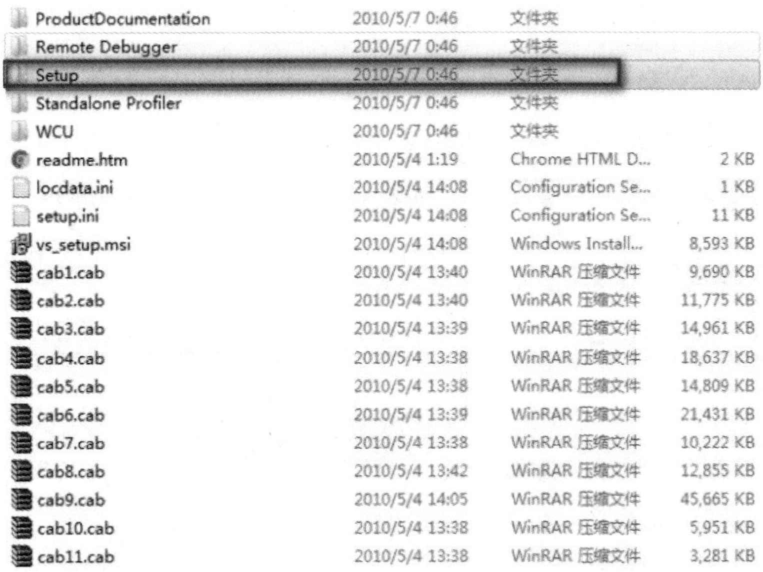

图 1-3 Visual Studio 安装文件

图 1-4 开始安装

（2）选择安装程序，然后加载组件，加载完点击"下一步"，如图 1-5 所示。

图 1-5 安装向导

（3）勾选"我已阅读并接受许可条款"，点击"下一步"，如图1-6所示。

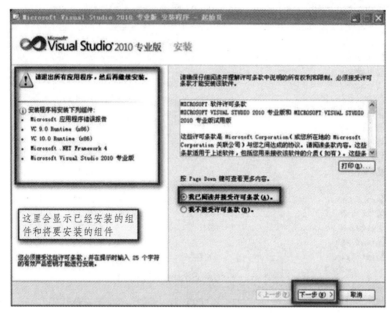

图1-6　勾选"我已阅读并接受许可条款"

（4）选择安装路径和安装组件，如图1-7所示。

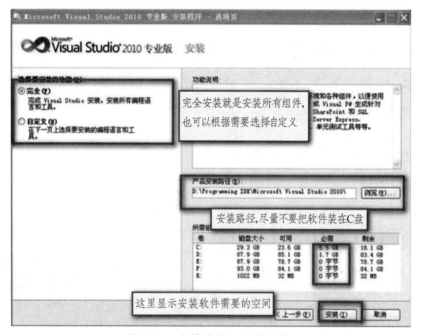

图1-7　安装路径和安装组件

（5）安装时间会根据计算机配置差异而不同。安装过程中会看到有很多插件的安装，使用过程中切勿随意删除插件，否则可能会带来未知错误，如图1-8所示。

图 1-8 安装过程

（6）安装完成后需要重启计算机才能生效。重启计算机后再次启动软件，会出现如图 1-9 所示的界面，直接点击"完成"即可。

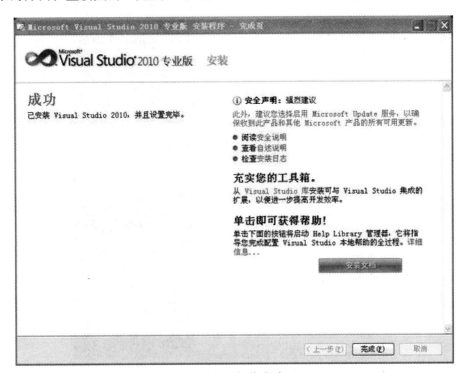

图 1-9 安装成功

然后会弹出如图 1-10 所示的对话框，直接点击"退出"。

图 1-10 提示框

（7）点击"开始"→"Microsoft Visual Studio 2010"→"Microsoft Visual Studio 2010"，即可运行 Visual Studio 2010，如图 1-11 所示。

图 1-11 打开软件菜单

(8)首次运行 Visual Studio 2010,需要选择语言,完成首次软件配置。按本书需求,这里选择"Visual C#开发环境"(如果要写 C++程序,就选择"C++开发环境",其他亦然),如图 1-12 所示。

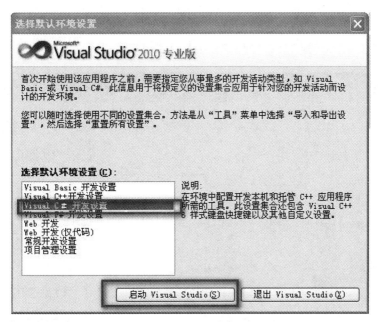

图 1-12　首次使用配置

首次启动时需要加载,加载完成后会出现如图 1-13 所示的界面,表示软件能正常工作了。

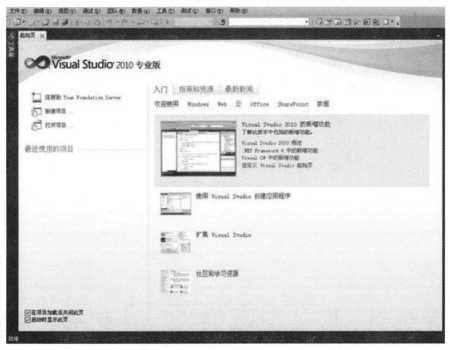

图 1-13　第一次启动界面

1.3.2 初步熟悉 Visual Studio 2010 的使用

1. 创建 Visual Studio 2010 空网站

（1）点击"开始"菜单→"Microsoft Visual Studio 2010"文件夹→"Microsoft Visual Studio 2010"图标，开始运行 Visual Studio 2010，出现 Visual Studio 2010 起始页。

点击"文件"→"新建"→"网站"，如图 1-14 所示。

图 1-14 新建网站

选择"ASP.NET 空网站"，在"文件位置"输入网站文件夹路径，如图 1-15 所示。

图 1-15 输入"网站文件路径"

之后会在 Visual Studio 2010 IDE 界面右边出现解决方案,这个就是刚创建的空网站了,如图 1-16 所示。

图 1-16　解决方案管理器

2. 在 Visual Studio 2010 网站创建 Web 窗体

右击网站目录,在弹出的菜单中点击"添加新项",如图 1-17 所示。

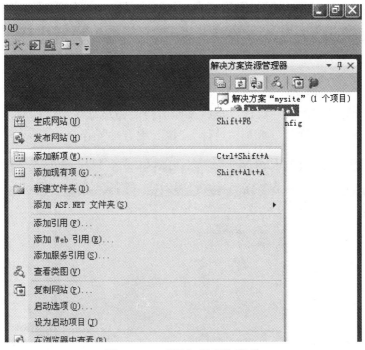

图 1-17　"添加新项"菜单

在"添加新项"对话窗中选择"Web 窗体"。窗体的名称在"名称"栏填写,第一个窗体默认为"Default.aspx";如果都采用默认名,第二个窗体默认为"Default2.aspx",以此类推。

需要注意的是,"Web 窗体"的有网页脚本与 C#代码,它们可以分别存放在"Default.aspx"与"Default.cs"两个同名、但不同扩展名的文件内,也可以都存放在

"Default.aspx"内。为了维护方便，建议窗体的网页脚本与 C#代码分放在两个不同的文件上，勾选"将代码放在单独文件中"即可，如图 1-18 所示。

图 1-18 "添加新项"对话框

点击"添加"即在网站增加了一个 Web 窗体，如图 1-19 所示。Web 窗体编辑有 3 种界面："设计""拆分""源"。"设计"是所见即所得的图形设计操作界面；"源"是窗体的 HTML 脚本编辑界面；"拆分"则是"设计""源"混合的操作界面。

图 1-19 Web 窗体

点击"设计",并用鼠标从左边的"工具箱"拖曳控件到窗体上。图 1-20 所示为窗体添加了 Label 标签、TextBox 文本框、Button 按钮 3 种控件。

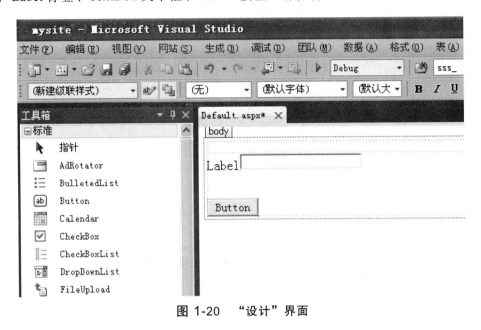

图 1-20 "设计"界面

1.4 安装 SQL Server 2008

因为 Visual Studio 2010 和 SQL Server 2008 都是微软为开发人员提供的开发工具和数据库工具,所以微软将 Visual Studio 2010 和 SQL Server 2008 紧密地集成在一起,使用微软的 SQL Server 进行.NET 应用程序数据开发能够提高.NET 应用程序的数据存储效率。本节将介绍 SQL Server 2008 的安装步骤。

1.4.1 下载 SQL Server 2008 R2 企业版

建议下载完全版安装资源,大小约为 4 GB。最值得注意的是,如果计算机不是第一次安装 SQL Server,可能会遇到各种问题。即使将之前安装的 SQL Server 软件卸载,计算机也会残留软件的相关文件。可以采用的方法是使用一个搜索软件 everything.exe 将 C 盘里所有含有 SQL Server 的文件全部删除,为避免错误删除系统文件,只删除文件名包含 SQL Server 的文件。

1.4.2 进入安装程序

在目录内双击 Setup.exe 图标,将会出现"SQL Server 安装中心",如图 1-21 所示。
在这里我们在本机安装一个 SQL Server 默认实例,执行以下步骤:
(1)在左侧的目录树中选择"安装"。
(2)在右侧的选择项中选择"全新安装或向现有安装添加功能",然后开始安装程序。

图 1-21 安装中心

接下来安装程序支持规则,如图 1-22 所示。首先安装程序要扫描本机的一些信息,用来确定在安装过程中不会出现异常。如果在扫描中发现了一些问题,则必须在修复这些问题之后才能重新运行安装程序进行安装。

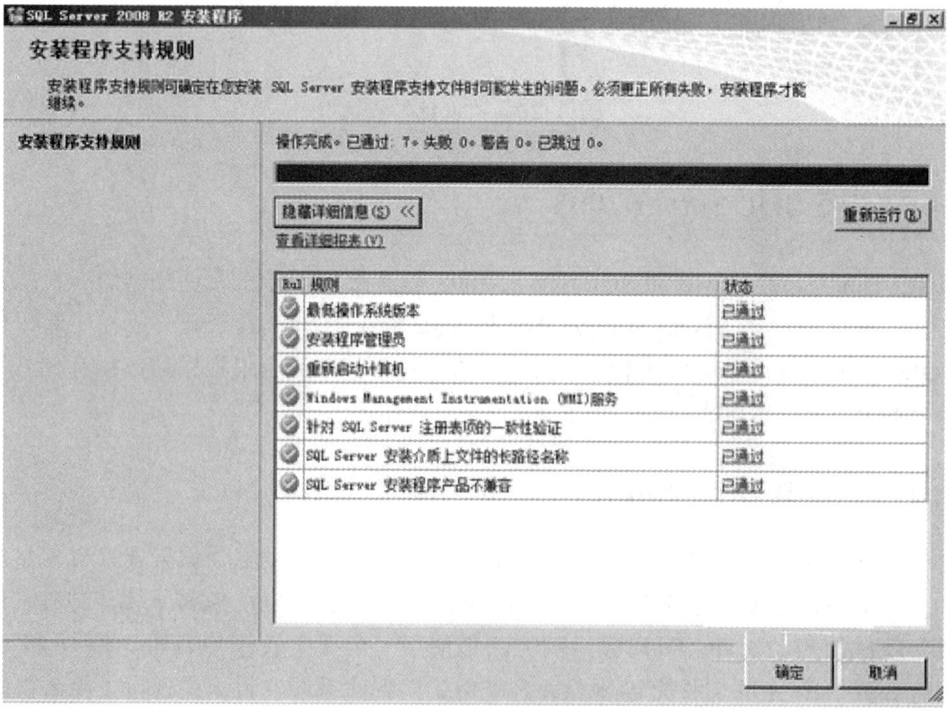

图 1-22 安装程序支持规则

安装过程中,如果出现"重新启动计算机"这一项不能通过,则需要删除一个注册表项。

删除注册表中 HKEY_LOCAL_MACHINE\SYSTEM\ControlSet001\Control\Session Manager 下的"PendingFileRenameOperations"。消除文件挂起操作的错误后,继续进行安装。

(3)输入产品密钥,如图 1-23 所示。

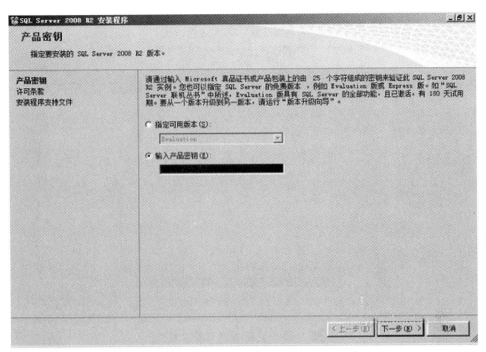

图 1-23　输入产品密钥

（4）勾选"我接受许可条款"，点击"下一步"，如图 1-24 所示。

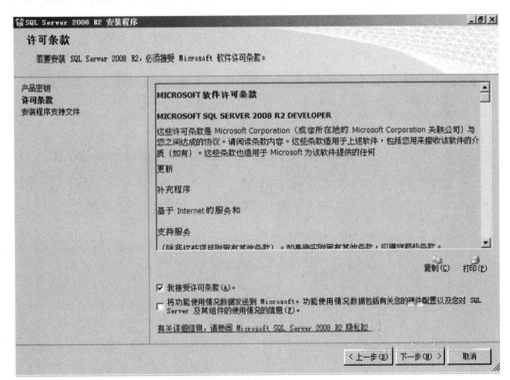

图 1-24　"许可条款"对话框

接下来安装程序支持文件，如图 1-25 所示。

图 1-25　安装程序支持文件

（5）正式安装 SQL Server 程序。首先是安装程序支持规则，这个步骤看起来跟刚才准备过程中的步骤一样，都是扫描本机，防止在安装过程中出现异常。但并不是在重复刚才的步骤，从图 1-26 可以明显看出这次扫描的精度更高，扫描的内容也更多。在这个步骤中，一定不要忽略"Windows 防火墙"警告，因为如果在 Windows 操作系统中安装 SQL Server，操作系统不会在防火墙自动打开 TCP1433 端口。

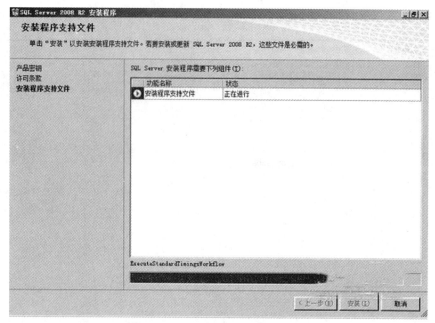

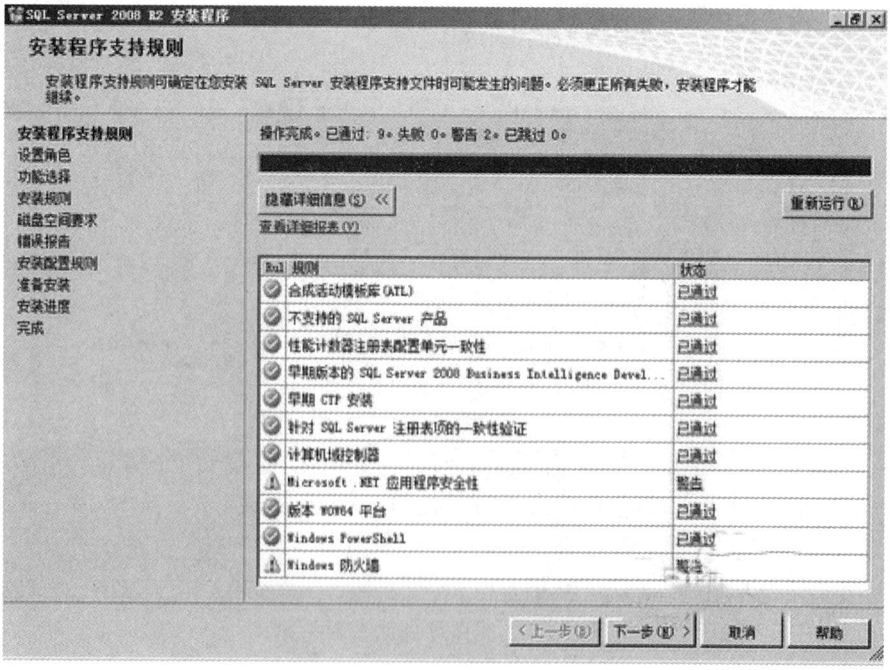

图 1-26　正式安装程序界面

（6）设置角色。有 3 个选项可供选择，这里选择"SQL Server 功能安装"，如图 1-27 所示。

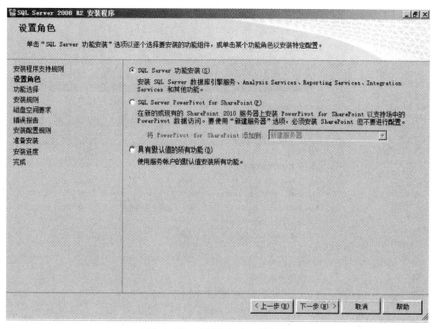

图 1-27　设置角色对话框

（7）功能选择。在这里，点击"全选"按钮，会发现左边的目录树多了几个项目：在"安装规则"后面多了一个"实例配置"，在"磁盘空间要求"后面多了"服务器配置""数据库引擎配置""Analysis Services 配置"和"Reporting Services 配置"。如果只作为普通数据引擎使用，常常只勾选"数据库引擎服务"和"管理工具-基本"即可，如图 1-28 所示。

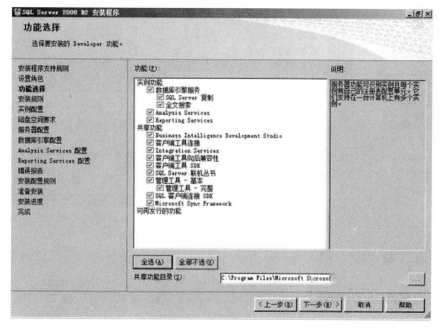

图 1-28　功能选择对话框

（8）安装规则。在这里又要扫描一次本机，扫描的内容跟上一次又不同，如图 1-29 所示。

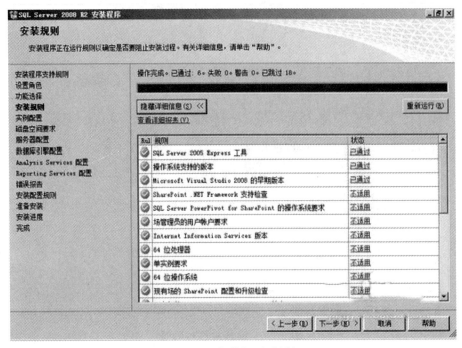

图 1-29　安装规则对话框

（9）实例配置。安装一个默认实例，系统自动将这个实例命名为"MSSQLSERVER"，如图 1-30 所示。

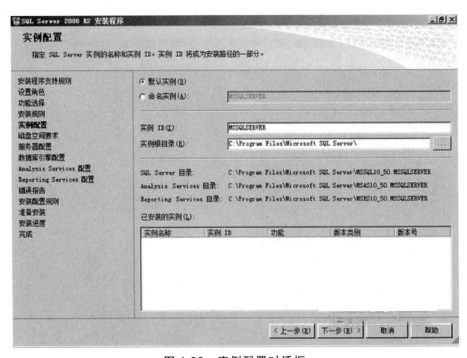

图 1-30　实例配置对话框

(10)磁盘空间要求。从这里可以看到，安装 SQL Server 的全部功能需要 5485 MB 的磁盘空间，如图 1-31 所示。

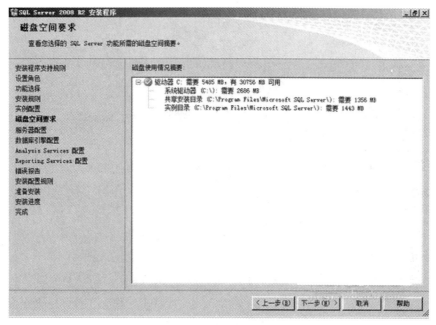

图 1-31　磁盘空间要求对话框

(11)服务器配置。首先要配置服务器的服务账户，也就是让操作系统用哪个账户启动相应的服务。这里选择"对所有 SQL Server 服务使用相同的账户"，如图 1-32 所示（也可以选择"NT AUTHORITY\SYSTEM"，用最高权限来运行服务）。

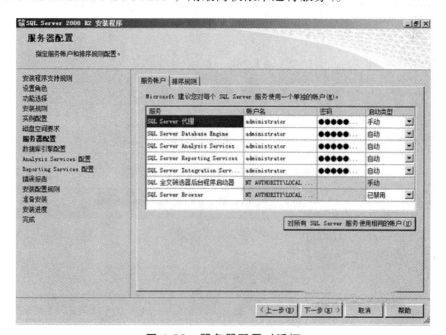

图 1-32　服务器配置对话框

接着，定义设备排序规则，默认是不区分大小写的，这里可以按需求自行调整，如图 1-33 所示。

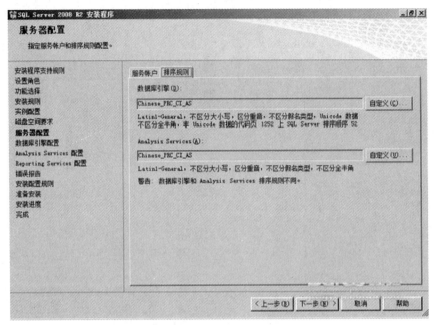

图 1-33 排序规则对话框

（12）数据库引擎配置。数据库引擎的设置主要有 3 项，如图 1-34 所示。账户设置中，一般都使用混合模式，设置自己的用户密码，然后添加一个本地账户。

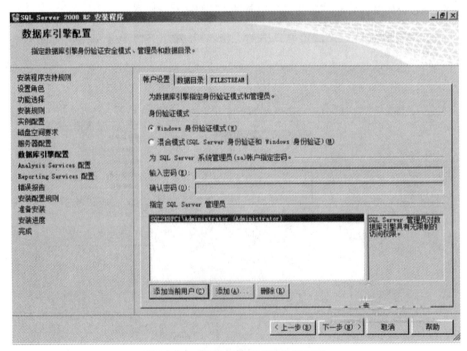

图 1-34 数据库引擎配置对话框

没有必要修改数据目录和 FILESTREAM（见图 1-35 和图 1-36）。对于数据目录，可以这样理解，习惯将软件都装在系统盘（C 盘）。在使用 SQL Server 时，数据库文件都放在其他盘，然后附加数据，这样数据库和系统的数据库不会混乱。

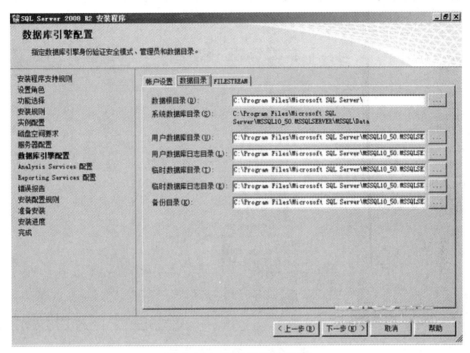

图 1-35　数据目录对话框

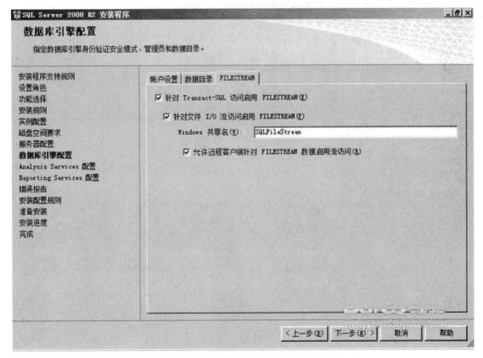

图 1-36　FILESTREAM 对话框

（13）后面的安装过程比较简单，点击"下一步"，然后是等待安装完成即可，如图 1-37 和图 1-38 所示。

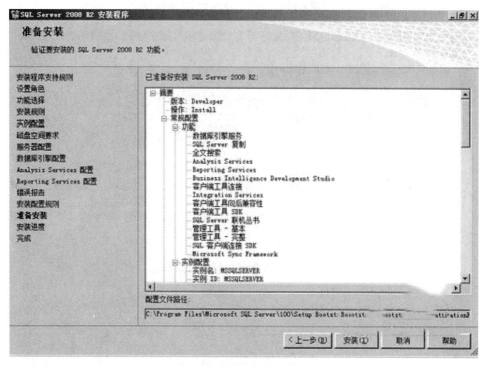

图 1-37　准备安装对话框

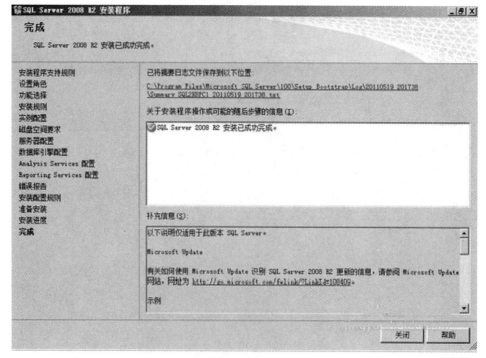

图 1-38　完成对话框

1.5 小　结

本章讲解了 ASP.NET 和.NET 框架的基本概念。这些概念在初学 ASP.NET 时会觉得非常困难，但是这些概念会在今后的开发中逐渐清晰。虽然这些基本概念看上去没什么作用，但是在今后的 ASP.NET 应用开发中起着非常重要的作用。因此，熟练掌握 ASP.NET 的基本概念能够提高应用程序的适用性和健壮性。Visual Studio 2008 不仅提供了丰富的服务器控件，还提供了属性、资源管理、错误列表窗口以便开发人员进行项目开发。本章还包括：

（1）ASP.NET 与 ASP：讲解了 ASP.NET 与 ASP 的不同之处。
（2）ASP.NET 开发工具：讲解了 ASP.NET 开发工具的基本知识。
（3）.NET 框架：讲解了.NET 框架的基本知识。
（4）公共语言运行时（CLR）：讲解了.NET 框架的公共语言进行时。
（5）安装 Visual Studio 2010：讲解了如何安装 Visual Studio 2010。
（6）安装 SQL Server 2008：讲解了如何安装 SQL Server 2008。

本章着重讲解了 Visual Studio 2010 开发环境，以及如何安装 SQL Server 2008，以便于 ASP.NET 应用程序的数据存储。Visual Studio 2010 和 SQL Server 2008 的紧密集成能够提高 ASP.NET 应用程序的开发效率和运行效率。ASP.NET 使用的是 C#语言进行开发的，了解 C#编程语言是 ASP.NET 应用开发的第一步，下一章将会详细地讲解 C#编程技术。

第 2 章　C#程序设计基础

第 1 章学习了 ASP.NET 的特性和.NET Framework 的一些基本知识，如果要深入学习 ASP.NET 应用程序开发，需要对开发语言有更进一步的了解。而在.NET 平台上，微软主推的编程语言就是 C#，本章将会从 C#的语法、结构和特性来讲解，以便读者能够深入地了解 C#程序设计。

C#语言是专门用于.NET 的编程语言，是为在.NET Framework 上运行的多种应用程序而设计的。C#语言简单、功能强大、类型安全，是一种面向对象的语言，从 C、C++以及 Java 演化而来，吸收了其他语言的优点，并解决了它们存在的一些问题。

C#语言凭借自身的多项创新，实现了应用程序的快速开发，几乎可以开发出所有的 Windows 程序。

2.1　C#程序

2.1.1　C#程序的结构

我们来做一个最简单的 C#程序——这是一个把信息写到屏幕上的控制台应用程序。

实例：编写第一个控制台程序。

解决方案：

启动 Visual Studio，新建一个控制台应用程序，在 main()中输入以下代码：

```
//这是我的第一个 C#程序
Console.WriteLine("Hello World!");
Console.ReadLine();
```

运行程序，将在 DOS 模式下显示字符："Hello World!"，并等待输入。同时，在 Bin\debug 目录下会生成一个可执行文件 ConsoleApplication1.exe。点击此文件，会显示同样的效果。

详细介绍：在 C#中，每个语句都必须用一个分号（;）结尾，语句可以写在多个代码行上；用花括号（{...}）把语句组合为块；单行注释以两个斜杠字符开头（//），多行注释以一个斜杠和一个星号（/*）开头，以一个星号和一个斜杠（*/）结尾。

2.1.2　C#的代码设置

代码格式也是程序设计中一个非常重要的组成环节，它可以帮助用户组织代码和改进代码，也让代码具有可读性。具有良好可读性的代码能够让更多的开发人员更加轻松地了解和认知代码。按照约定的格式书写代码是一个非常良好的习惯，下面的代码示例说明了应用缩进、大小写敏感、空白区和注释等格式的原则。

```csharp
using System;
using System.Collections.Generic;
using System.Linq;                                      //使用 LINQ 命名空间
using System.Text;
namespace mycsharp                                      //声明命名空间
{
    class Program                                       //主程序类
    {
        static void Main(string[] args)                 //静态方法
        {
            Console.WriteLine("Hello World");           //这里输出 Hello World
            Console.WriteLine("按任意键退出.."); Console.ReadKey();
                                                        //这里让用户按键后退出，保持等待状态
        }
    }
}
```

1. 缩　进

缩进可以帮助开发人员阅读代码，同样能够给开发人员带来层次感。读者可以从以上代码看出这一串代码让人能够很好地分辨区域，非常方便地就能找到 Main 方法的代码区域，这是因为括号都是有层次的。

缩进让代码保持优雅，同一语句块中的语句应该缩进到同一层次，这是一个非常重要的约定，因为它直接影响到代码的可读性。虽然缩进不是必须的，同样也没有编译器强制，但是为了在不同人员的开发中能够进行良好的协调，这是一个值得去遵守的约定。

2. 大小写敏感

C#是一种对大小写敏感的编程语言。在 C#程序中，同名的大写和小写代表不同的对象，因此在输入关键字、变量和函数时必须使用适当的字符。但是在C#中，其语法规则的确是对字符串中字母的大小写是敏感的，如 "C Sharp" "c Sharp" "c sHaRp" 是不同的字符串，在编程中应当注意。对于关键字基本上都采用小写，对于私有变量的定义一般都以小写字母开头，而公共变量的定义则以大写字母开头。

3. 空　白

C#编译器会忽略空白。使用空白能够改善代码的格式，提高代码的可读性。但是值得注意的是，编译器不对引号内的任何空白做忽略，在引号内的空格作为字符串存在。

4. 注　释

在 C/C++里，编译器支持开发人员编写注释，良好的注释习惯能够增强代码的可读性，以便开发人员能够方便地阅读代码。当然，在 C#里也一样继承了这个良好的习惯。

C#提供了三种注释的类型：

第一种：单行注释，注释符号是"//"，例如：

int a;   //一个整型变量，存储整数

第二种：多行注释，注释符号是"/*"和"*/"，任何在符号"/*"和"*/"之间的内容都会被编译器忽略，例如：

/*一个整型变量，存储整数*/
int a;

第三种：注释符号"///"也可以用来对C#程序进行注释，例如：

///一个整型变量
　///存储整数
　int a;

5. 布局风格

```
class Program
{
    static void Main(string[] args)
    {
        Console.WriteLine("Hello World");        //这里输出 Hello World
        Console.WriteLine("按任意键退出.."); Console.ReadKey();
                                                //这里让用户按键后退出，保持等待状态
    }
}
```

从以上代码可以看出，程序中使用了缩进、大小写敏感、空白区和注释等，但是这个代码风格依旧不是最好，可以修改代码让代码更加"好看"。这里能够将代码进行修正，修正后的示例代码如下：

```
class Program
{
    static void Main(string[] args)
    {
        Console.WriteLine("Hello World");        //这里输出 Hello World
        Console.WriteLine("按任意键退出..");
        Console.ReadKey();                       //这里让用户按键后退出，保持等待状态
    }
}
```

这种布局风格让开发人员感觉到耳目一新，这样能方便更多的开发人员阅读源代码。如果打开一千行或更多代码量的源文件时，其编码格式都是标准的风格，不管是谁再接手去阅读，都能尽快上手。不仅如此，在软件开发当中，应该规定好每个人都使用同样的布局风格，让团队能够协调运作。

2.2 C#的数据类型

在任何编程语言中，无论是传统的面向过程还是面向对象都必须使用变量。因此，变量都有自己的数据类型。数据类型在程序设计中是一个很重要的内容。C#的数据类型包括值类型、引用类型和指针类型。指针类型是不安全类型，一般不推荐使用。

2.2.1 值类型

值类型直接存储值。值类型包括所有简单数据类型、枚举类型和结构类型。
值类型声明语法如下：

Type name;
name=TypeVaue;
或者：
Type name=new Type();   //声明加初始化

1. 简单数据类型

简单数据类型是C#预先定义的结构类型，又称纯量类型，是直接由一系列元素构成的数据类型，它包括整数类型、浮点类型和字符类型等。

（1）整数类型如表2-1所示。

表2-1 整数类型

类 型	CTS 类型	说 明	范 围
sbyte	System.SByte	8位有符号整数	−128~127
short	System.Int16	16位有符号整数	−32 768~32 767
int	System.Int32	32位有符号整数	−2 147 483 648~2 147 483 647
long	System.Int64	64位有符号整数	$-2^{63} \sim 2^{63}$
byte	System.Byte	8位无符号整数	0~255
ushort	System.Unit16	16位无符号整数	0~65 535
unit	System.Unit32	32位无符号整数	0~4 284 867 285
ulong	System.Ulong	64位无符号整数	$0 \sim 2^{64}$
float	System.Single	32位单精度浮点数	10^{38}
double	System.Double	64位双精度浮点数	10^{308}
decimal	System.Decimal	128位双精度浮点数	10^{28}

（2）浮点类型。

小数在C#中采用两种数据类型来表示：单精度float和双精度double。它们的差别在于取值范围和精度不同。

计算机对浮点数的运算速度大大低于对整数的运算，对精度要求不是很高的浮点数计算，我们可以采用 float 型，而采用 double 型获得的结果将更为精确，如果在程序中大量地使用双精度类浮点数将会占用更多的内存单元，而且计算机的处理任务也将更加繁重。

（3）字符类型。

包括一般字符和转义字符，采用 Unicode 字符集。C#的 char 类型为双字节型，它的数据可以占有 2 个字节。以下方法给一个字符变量赋值，如：

char c = 'A';

C#中用转义符在程序中指代特殊的控制字符。例如，字符串常量 "c:\\windows\\system32" 的真实含义是路径 c:\windows\system32。

C#可以用反转符@去掉反斜杠的转义。例如，字符串常量@"c:\windows\system32" 也表示路径 c:\windows\system32。

2. 枚举类型

枚举类型实际上是为一组在逻辑上密不可分的整数值提供便于记忆的符号。枚举类型可以有效地限定变量的取值范围，达到减少赋值出错的概率。

格式：enum <枚举类型名> {<枚举表>}；

例如，定义一个代表星期的枚举类型的变量：

enum WeekDay{
Sunday, Monday, Tuesday, Wednesday, Thursday, Friday, Saturday
};

大括号中的表示符为枚举元素，枚举元素默认基础类型为 int 类型，默认情况下，第一个枚举元素的值为 0，后面每个枚举元素值依次递增 1，也可以直接给枚举元素赋值。例如：Sunday=2，则 Monday 为 3，以此类推。

3. 结构类型

如果要把不同类型的数据组合到一起便于使用，就要用到结构类型。结构就是相互关联的不同类型数据的组合。结构类型是一种可包含构造函数、常数、字段、方法、属性、索引器、运算符、事件和嵌套类型的值类型。

在 C#中，结构类型是用来封装简单对象，把它们封装成一个实体来统一使用，结构不能从其他的类继承，也不能作为其他类的基类。结构类型以 struct 关键字进行声明。

例如，定义一个描述学生信息的结构。

```
using System;
struct Student
{   public int no;
    public string name;
    Public string phone;
    Public Student(int stu_no,string stu_name,string stu_phone)
    {   no=stu_no;
        name=stu_name;
```

```
        phone=stu_phone;
    }
}
```

2.2.2　引用类型

引用类型存储的是对值的引用。引用类型变量又称为对象，在 C#中，引用类型有类类型（Class）、接口类型（Interface）、委托类型（Delegate）等。和值类型相比，引用类型不存储它们所代表的实际数据，只存储对实际数据的引用。具体情况是，当将一个数值保存到一个值类型变量后，该数值被复制到变量中，把一个值类型赋值给一个引用类型时，仅仅是引用（保存数值的变量地址）被复制，而实际值仍然保留在相同的内存位置。

多个引用变量可以附加于一个对象，而且某些引用可以不附加于任何对象，如果声明了一个引用类型的变量却不给它赋给任何对象，那么它的默认值就是 null。相比之下，值类型的值不能为 null。

C#有两个内置的引用类型，分别为 Object 和 String 类型。

对象类型（Object）在.NET 框架中是 System.Object 的别名，在 C#的统一类型系统中，所有类型（预定义类型、用户定义类型、引用类型和值类型）都是直接或间接从 Object 继承的。可以将任何类型的值赋给 Object 类型变量。也就是说，对象类型是其他类型的基类。

C#有 string 关键字，在翻译为.NET 类时，它就是 System.String，专门用于对字符串的操作。有了它，像字符串连接和字符串复制这样的操作就很简单了，可以用加号+ 合并两个字符串：

```
string str1 = "Hello ";
string str2 = "World";
string str3 = str1 + str2; // string concatenation
```

2.3　变量和常量

程序所处理的数据不仅分为不同的类型，而且每种类型的数据还有常量与变量之分。从用户角度来看，变量就是存储信息的基本单元；从系统角度来看，变量就是计算机内存中的一个存储空间。常量是指在程序运行的整个过程中其值始终不可改变的量，常量的值仅可在编译时指定，平时不允许更改。

2.3.1　变　量

变量是指在程序运行过程中其值可以不断变化的量。变量通常用来保存程序运行过程中的输入数据、计算获得的中间结果和最终结果。在 C#中，变量可分为静态变量、实例变量、数组变量、局部变量、参数值、引用参数和输出参数这 7 种。

变量的命名规则必须符合标识符的命名规则，并且变量命名要人性化，以便理解。

C#的变量名区分大小写，变量命名的规则包括：

（1）变量名只能由字母、数字和下划线组成，且变量名的第一个符号只能是字母或下划线；

（2）不能使用关键字来作变量名。

2.3.2 声明并初始化变量

C#规定使用变量前必须先声明。声明的同时规定了变量的数据类型和变量名。

1. 语　法

声明变量的语法非常简单，即在数据类型之后编写变量名，如一个人的年龄（age）和一辆车的颜色（color），声明代码如下：

```
int age;                    //声明一个叫 age 的整型变量，代表年龄
string color;               //声明一个叫 color 的字符串变量，代表颜色
```

上述代码声明了一个整型变量 age 和一个字符串型变量 color。

2. 初始化变量

变量在声明后还需要初始化，例如"我年龄 21 岁，很年轻，我想买一辆红色的车"，那么就需要对相应的变量进行初始化，示例代码如下：

```
int age;                    //声明一个叫 age 的整型变量，代表年龄
string color;               //声明一个叫 color 的字符串变量，代表颜色
age = 21;                   //声明始化，年龄 21 岁
color = "red";              //声明始化，车的颜色为红色
```

上述代码也可以合并为一个步骤简化编程开发，示例代码如下：

```
int age=1;                  //声明并初始化一个叫 age 的整型变量，代表年龄
string color="red";         //声明初始化
```

3. 赋　值

在声明了一个变量之后，就可以给这个变量赋值了，但是当编写以下代码时就会出错，示例代码如下：

```
float a = 1.1;              //错误地声明浮点类型变量
```

当运行了以上代码后会提示错误信息：不能隐式地将 Double 类型转换为"float"类型，应使用"F"后缀创建此类型。从错误中可以看出，将变量后缀增加一个"F"即可，示例代码如下：

```
float a = 1.1F;             //正确地声明浮点类型变量
```

运行程序，程序就能够编译并运行了。这是因为若无其他指定，C#编译器将默认所有带小数点的数字都是 Double 类型，如果要声明成其他类型，可以通过后缀来指定数据类型。表 2-2 将展示一些可用的后缀，并且后缀可用小写。

表 2-2 可用的后缀表

后 缀	描 述
U	无符号
L	长整型
UL	无符号长整型
F	浮点型
D	双精度浮点型
M	十进制
L	长整型

2.3.3 变量的分类

在 C#中，变量可分为静态变量、实例变量、数组变量、局部变量、参数值、引用参数和输出参数这 7 种。

数组是一个引用类型，开发人员能够声明数组并初始化数据进行相应的数组操作，数组是一种常用的数据存放方式。

1. 静态变量

通过 static 修饰符声明的变量称为静态变量。静态变量只有被创建并加载后才会生效，同样被卸载后失效。声明一个整型静态变量 a 的代码如下：

```
    Static int a=0;                   //声明静态变量并赋值
```

2. 实例变量

声明变量时，没有 static 修饰的变量称为实例变量。当类被实例化时，将生成属于该类的实例变量。当不再对该实例进行引用，并且已执行实例的析构函数后，此实例变量将失效。类中实例变量的初始值是该类型变量的默认值。为了方便进行赋值检查，类中的实例变量应是初始化的。例如，声明一个整型的实例变量 a，初始化代码如下：

```
    int a;                            //声明实例变量
```

3. 数组变量

数组元素随着数组的存在而存在，当任意一个数组实例被创建时，该数组元素也被同时创建。每个数组元素的初始值是该数组元素类型的默认值。声明一个整型数组变量的代码如下：

```
    Int[] arry=new int[5];            //声明数组变量
```

4. 局部变量

具有局部作用的变量称为局部变量，它只在定义它的块内起作用。所谓块是指大括号"{"和"}"之间的所有内容。局部变量从被声明的位置开始起作用，当块结束时，局部变量也就消失。声明一个整型的局部变量 n 的代码如下：

```
    public void Test()
```

```
{
    int n=0;
}
```

5. 参数值

声明一个变量时，该变量没有 ref 和 out 修饰，可称值变量为值参数。值参数在其隶属的函数子句被调用时自动生成，同时被赋给调用中的参数值。当函数成员返回时，值参数失效。为了方便赋值检验，所有的值参数都被认为是已被初始化过的。例如，声明一个方法 Test 的参数为整型的值参数变量 a，代码如下：

```
public void Test(int a)
{
}
```

6. 引用参数

用 ref 修饰符声明的参数为引用参数。引用参数不创建新的存储位置。引用参数的值总是与基础变量相同。若要使用 ref 参数，则定义方法和调用方法都必须显式使用 ref 关键字。例如，声明一个方法 Test 的参数为整型的引用参数变量 a。

```
public void Test(ref int a)
{
}
```

调用具有引用参数的方法：

```
int b=0;
Test(ref b);
```

7. 输出参数

用 out 修饰符声明的参数是输出参数。输出参数不创建新的存储位置。相反，输出参数表示在对该函数成员调用中被当作"自变量"的变量所表示的同一个存储位置。因此，输出参数的值总是与基础变量相同。声明一个方法 Test 的参数为整型的引用参数变量 a 的代码如下：

```
public void Test(out int a)
{
}
```

调用具有输出参数的方法：

```
int b=0;
Test(out b);
```

2.3.4 常 量

常量就是其值固定不变，且常量的值在编译时就确定。在程序开发当中，好的常量使用技巧对程序开发和维护都有好的影响，在 C#中，常量的数据类型主要有几种：sbyte，

byte，short，ushort，int，uint，long，ulong，char，float，double，decimal，bool，string 等。常量通常使用 const 关键字声明，代码如下：

```
class Calendar1
{
    public const  int   num=10;
}
```

2.3.5 类型转换

在应用程序开发当中，很多的情况都需要对数据类型进行转换，以保证程序的正常运行。类型转换是数据类型和数据类型之间的转换，在.NET 中，存在着大量的类型转换，常见的类型转换代码如下：

```
int i = 1;                              //声明整型变量
Console.WriteLine(i);                   //隐式转换输出
```

在上述代码中 i 是整型变量，而 WriteLine 方法的参数是 Object 类型，但是 WriteLine 方法依旧能够正确输出是因为系统将 i 的类型在输出的时候转换成了字符型。在.NET 框架中，有隐式转换和显式转换，隐式转换是一种由 CLR 自动执行的类型转换，如上述代码中的，就是一种隐式的转换（开发人员不明确指定的转换），该转换由 CLR 自动地将 int 类型转换成了 string 型。在.NET 中，CLR 支持许多数据类型的隐式转换，CLR 支持的类型转换列表如表 2-3 所示。

表 2-3　CLR 支持的转换列表

从该类型	到该类型
sbyte	short,int,long,float,double,decimal
byte	short,ushort,int,uint,long,ulong,float,double,decimal
short	int,long,float,double,decimal
ushort	int,uint,long,ulong,float,double,decimal
int	long,float,double,decimal
uint	long,ulong,float,double,decimal
long,ulong	float,double,decimal
float	double
char	ushort,int,uint,long,ulong,float,double,decimal

显式转换是一种明确要求编译器执行的类型转换。在程序开发过程中，虽然很多地方能够使用隐式转换，但是隐式转换有可能存在风险。显式转换能够通过程序捕捉进行错误提示，虽然隐式也会提示错误，但是显式转换能够让开发人员更加清楚地了解代码中存在的风险并自定义错误提示以保证任何风险都能够及早避免，示例代码如下：

```
int i = 1;                              //声明整型变量 i
float j = (float)i;                     //显式转换为浮点型
```

上述代码说明了显式转换的基本语法格式，具体语法格式如下：

　　type variable1=(cast-type)variable2;

注意：显式的转换可能导致数据的部分丢失，如 3.1415 转换为整型的时候会变成 3。

除了隐式的转换和显式的转换，还可以使用.NET 中的 Convert 类来实现转换，即使是两种没有联系的类型也可以实现转换。Convert 类的成员函数都是静态方法，当调用 Convert 类的方法时无须创建 Convert 对象，当使用显式转换时，若代码如下所示，则编译器会报错。

```
string i = "1";                    //声明字符串变量
int j = (int)i;                    //显式转换为整型
Console.WriteLine(j);              //隐式转换为字符串
```

明显的是，字符串变量 i 的值是有可能转换成整型变量值 1 的，Convert 类能够实现转换，示例代码如下：

```
string i = "1";                    //声明字符串变量
int j = Convert.ToInt32(i);        //显式转换为整型
Console.WriteLine(j);              //隐式转换为字符串
```

上述代码编译通过并能正常运行。Convert 类提供了诸多的转换功能，每个 Toxx 方法都将变量的值转换成相应.NET 简单数据类型的值，如 Int16、Int32、String 等。值得注意的是，并不是每个变量的值都能随意转换，示例代码如下：

```
string i = "haha";                 //声明字符串变量
int j = Convert.ToInt32(i);        //错误的转换
```

上述代码中，i 的值是字符串"haha"，很明显，该字符串是无法转换为整型变量的。运行此代码后系统会抛出异常提示字符串"haha"不能够转换成整型常量。

2.4 编写表达式

在了解了 C#中的数据类型、变量的声明和初始化方式以及类型转换等基本知识后，就需要了解如何进行表达式的编写。

程序对数据的操作，其实就是指对数据的各种运算。被运算的对象，如常数、常量、变量等称为操作数。运算符是指用来对操作数进行各种运算的操作符号，如加号或减号等。诸多的操作数通过运算符连成一个整体后，就成为一个表达式。

表达式在 C#应用程序开发中非常重要，本节将说明如何使用运算符创建和使用表达式。

2.4.1 表达式和运算符

表达式和运算符是应用程序开发中最基本也是最重要的一个部分，表达式和运算符组成一个基本语句，语句和语句之间组成函数或变量，这些函数或变量通过某种组合形成类。

1. 定　　义

表达式是运算符和操作符的序列。运算符是个简明的符号，包括实际中的加减乘除，它告诉编译器在语句中实际发生的操作，而操作数即操作执行的对象。运算符和操作数组成完整的表达式。

2. 运算符类型

在大部分情况下，对运算符类型的分类都是根据运算符所使用的操作数的个数来分类的，一般可以分为三类，这三类分别如下：

（1）一元运算符：只使用一个操作数，如（！）、自增运算符（++）等，如 i++。

（2）二元运算符：使用两个操作数，如最常用的加减法，i+j。

（3）三元运算符：三元运算符只有（?:）一个。

除了按操作数个数来分以外，运算符还可以按照操作数执行的操作类型来分，如下所示：

（1）关系运算符。

（2）逻辑运算符。

（3）算术运算符。

（4）位运算符。

（5）赋值运算符。

（6）条件运算符。

（7）类型信息运算符。

（8）内存访问运算符。

（9）其他运算符。

在应用程序开发中，运算符是最基本的，也是最常用的，它表示着一个表达式是如何进行运算的。常用的运算符如表 2-4 所示。

表 2-4 常用的运算符

运算符类型	运算符
元运算符	(x),x.y,f(x),a[x],x++,x--,new,typeof,sizeof,checked,uncheck
一元运算符	+,-,~!,++x,--x,(T)x,
算术运算符	+,-,*,/,%
位运算符	<<,>>,&,|,^,~
关系运算符	<,>,<=,>=,is,as
逻辑运算符	&,|,^
条件运算符	&&,||,?
赋值运算符	=,+=,-=,*=,/=,<<=,>>=,&=,^=,|=

正如表 2-4 中所示，C#编程中需要使用到的运算符都能够通过相应的类别进行相应的分类，但其分类的标准并不是唯一的。

3. 算术运算符

程序开发中常常需要使用算术运算符，算术运算符用于组合数字、数值变量、数值字段和数值函数，以实现加、减、乘、除等基本操作，示例代码如下：

```
int a = 1;                                              //声明整型变量
int b = 2;                                              //声明整型变量
int c = a + b;                                          //使用+运算符
int d = 1 + 2;                                          //使用+运算符
int e = 1 + a;                                          //使用+运算符
int f = b - a;                                          //使用-运算符
int f = b / a;                                          //使用/运算符
```

注意：当除数为0，系统会抛出DivideByZeroException异常，在程序开发中应该避免出现逻辑错误，因为编译器不会检查逻辑错误，只有在运行中才会提示相应的逻辑错误并抛出异常。

在算术运算符中，运算符"%"代表求余数，示例代码如下：

```
int a = 10;                                             //声明整型变量
int b = 3;                                              //声明整型变量
Console.WriteLine((a%b).ToString());                    //求 10 除以 3
```

上述代码实现了"求10除以3"的功能，其运行结果为1。在C#的运算符中还包括自增和自减运算符，如"++"和"--"运算符。++和--运算符是一个单操作运算符，将目的操作数自增或自减1。该运算符可以放置在变量的前面和变量的后面，都不会有任何的语法错误，但是放置的位置不同，实现的功能也不同，示例代码如下：

```
int a = 10;                                             //声明整型变量
int a2 = 10;                                            //声明整型变量
int b = a++;                                            //执行自增运算
int c = ++a2;                                           //执行自增运算
Console.WriteLine("a is " + a);                         //输出 a 的值
Console.WriteLine("b is " + b);                         //输出 b 的值
Console.WriteLine("c is " + c);                         //输出 c 的值
```

4．关系运算符

关系运算符用于创建一个表达式，该表达式用来比较两个对象并返回布尔值 true 和 false。示例代码如下：

```
string a="nihao";                                       //声明字符串变量 a
string b="nihao";                                       //声明字符串变量 b
if (a == b)                                             //使用比较运算符
{
    Console.WriteLine("相等");                          //输出比较相等信息
}
else
{
    Console.WriteLine("不相等");                        //输出比较不相等信息
}
```

关系运算符如">""<"">=""<="等同样是比较两个对象并返回布尔值，示例代码如下：

```csharp
string a="nihao";                                      //声明字符串变量a
string b="nihao";                                      //声明字符串变量b
if (a == b)                                            //比较字符串，返回布尔值
{
    Console.WriteLine((a == b).ToString());            //输入比较后的布尔值
}
else
{
    Console.WriteLine((a == b).ToString());            //输入比较后的布尔值
}
```

编译并运行上述程序后，其输出为 true。若条件不成立，如 a 不等于 b 的变量值，则返回 false。因此，该条件可以直接编写在 if 语句中进行条件筛选和判断。

5. 逻辑运算符

逻辑运算符的作用是对操作数进行逻辑运算。操作数可以是逻辑量（True 或 False）或关系表达式，逻辑运算的结果也是一个逻辑量。

C#提供了3种逻辑运算符：

&&（逻辑与）：与其他编程语言相似的是，C#也使用 AND 运算符"&&"。该运算符使用两个操作数做与运算，当有一个操作数的布尔值为 false 时，则返回 false，示例代码如下：

```csharp
bool myBool = true;                                    //创建布尔变量
bool notTrue = !myBool;                                //使用逻辑运算符取反
bool result = myBool && notTrue;                       //使用逻辑运算符计算
```

||（逻辑或）：C#中也使用"||"运算符来执行 OR 运算，当有一个操作数的布尔值为 true 时，则返回 true。当使用"&&"运算符和"||"运算符时，它们是短路（short-circuit）的，这也就是说，当一个布尔值能够由前一个或前几个操作数决定结果，那么就不取使用剩下的操作数继续运算而直接返回结果，示例代码如下：

```csharp
bool myBool = true;                                    //创建布尔变量
bool notTrue = !myBool;                                //使用逻辑运算符取反
bool result = myBool && notTrue;                       //使用逻辑运算符计算
bool other = true;                                     //创建布尔变量
if (result&&other)                                     //短路操作
{
    Console.WriteLine("true");                         //输出布尔值
}
else
{
    Console.WriteLine("false");                        //输出布尔值
}
```

！（逻辑非）：NOT 运算符"！"使用单个操作数，用于转换布尔值，即取非，示例代码如下：

bool myBool = true;	//创建布尔变量
bool notTrue = !myBool;	//使用逻辑运算符

6. 赋值运算符

赋值运算符给变量、属性和索引单元赋一个新值。赋值的左操作数必须是变量、属性访问、索引访问等类型的表达式。赋值表达式的结果赋给左操作数的值，结果和左操作数具有相同的类型，且为数值。如果赋值运算符两边的操作数类型不一致，就需要进行类型转换。

C#提供了几种类型的赋值运算符，最常见的就是"="运算符，示例代码如下：

int a;	//声明一个整型变量
a = 1;	//使用赋值运算符

可以用赋值运算符对多个变量进行连续赋值。赋值运算符是右结合的。示例代码如下：

int a,b,c;	//声明三个整型变量
a = b = c = 1;	//运算完后，a、b、c 的结果都是 1

C#还提供了组合运算符，如"+=""-=""*="等。示例代码如下：

a += 1;	//进行自加运算

上述代码会将变量 a 的值加上 1 并再次赋值回 a，上述代码实现的功能和以下代码等效。

a = a + 1;	//不使用+=运算符

2.4.2 运算符的优先级

表达式中运算符的计算顺序由运算符的优先级和结合性决定。在多个运算符之间的运算操作时，编译器会按照运算符的优先级来控制表达式的运算顺序，然后再计算求值。

1. 运算顺序

表达式中常用的运算符的运算顺序如表 2-5 所示。

表 2-5 运算符优先级

运算符类型	运算符
元运算符	X.y,f(x),a[x],x++,x--,new,typeof,checked,unchecked
一元运算符	+,-,!,~,++x,--x,(T)x
算术运算符	*,/,%
位运算符	<<,>>,&,|,^,~
关系运算符	<,>,<=,>=,is,as
逻辑运算符	&,^,|
条件运算符	&&,||,?
赋值运算符	=,+=,-=,*=,/=,<<=,>>=,&=,^=,|=

当执行运算 1+2*3 的时候,因为"+"运算符的优先级比"*"运算符的优先级低,则当编译器编译表达式并进行运算的时候,编译器会首先执行"*"运算符的乘法操作,然后执行"+"运算符的加法操作。当需要指定运算符的优先级,可以使用圆括号来告知编译器自定义运算符的优先级,示例代码如下:

```
c = a + b * c;                              //先执行乘法
c = (a + b) * c;                            //先执行加法
```

2. 左结合和右结合

所有的二元运算符都是有两个操作数,除了赋值运算符以外其他的运算符都是左结合的,而赋值运算符是右结合,示例代码如下:

```
a + b + c;                                  //结合方式为(a+b)+c
a = b = c;                                  //结合方式为 a=(b=c)
```

2.5 使用选择语句

一个程序指令一般都是按顺序执行的,但实际上在许多时候会根据一定的条件来执行不同的程序指令段,这个时候,就需要在程序中使用选择语句。在C#中选择语句可以分为两种:if 语句和 switch 语句。

2.5.1 if 语句的使用方法

if 语句用于判断条件并按照相应的条件执行不同的代码块,if 语句包括多种呈现形式,这些形式分别是 if、if... else、if... else if。

1. if 语句

if 语句的语法如下:

```
if(条件表达式)  {程序语句}
```

当条件表达式的值为 true 时,则会执行程序语句,当条件表达式的值为 false 时,程序会跳过执行的语句执行,示例代码如下:

```
if (true)                                   //使用 if 语句
{
    console.writeline("true");              //为 true 的代码块
}
```

上述代码首先会判断 if 语句的条件,因为 if 语句的条件为 true,所以 if 语句会执行大括号内的代码,程序运行会输出字符串 true,如果将 if 内的条件改为 false,那么程序将不会执行大括号内的代码,从而不会输出字符串 true。

2. if... else 语句

if ...else 语句的语法如下所示。

```
if(条件表达式)  {程序语句 1}   else   {程序语句 2}
```

同样，当条件表达式的值为 true 时，则程序执行程序语句 1，但条件表达式的值为 false 时，程序则执行程序语句 2，示例代码如下：

```
if (true)                                           //使用 if 语句判断条件
{
    console.writeline("true");                      //当条件为真时执行语句
}
else                                                //如果条件不成立则执行
{
    console.writeline("false");                     //当条件为假时执行语句
}
```

上述代码中 if 语句的条件为 true，所以 if 语句会执行第一个大括号中间的代码，而如果将 true 改为 false，则 if 语句会执行第二个大括号中的代码。

3. if…else if 语句

当需要进行多个条件判断是，可以编写 if… else if 语句执行更多条件操作，示例代码如下：

```
if (month == "3")                                   //判断 month 是否等于 3
{
    console.writeline("spring");                    //输出 spring
}
else if (month == "7")                              //判断 month 是否等于 7
{
    console.writeline("summer");                    //输出 summer
}
else if (month == "12")                             //判断 month 是否等于 12
{
    console.writeline("winter");                    //输出 winter
}
else                                                //当都不成立时执行
{
    console.writeline("we don't have this month");  //输出默认情况
}
```

上述代码会判断相应的月份，如果月份等于 3，就会执行相应大括号中的代码，否则会继续进行判断，如果判断该月份既不是 7 月也不是 12 月，说明所有的条件都不符合，则会执行最后一段大括号中的代码。

4. 使用布尔值和布尔表达式

在 if 语句编写中，if 语句的条件可以使用布尔值或布尔表达式，这些表达式可以使用与（&&）、或（||）、非（!）进行连接，以便能够显式地进行判断，示例代码如下：

```
if ((a==b)&&(b==c))                                 //使用复杂的布尔表达式
```

```
{
    console.writeline("a 和 b 相等，b 和 c 也相等");         //输出相等信息
}
```

5. 使用三元运算符

三元运算符(?:)是 if else 语句的缩略形式，比较后并返回布尔值，熟练使用该语句可以让代码变得更简练，示例代码如下：

```
int Number=80;
string str;
str=(Number>=60)?"通过":"没通过";
```

2.5.2 switch 选择语句的使用

switch 语句根据某个传递的参数的值来选择执行的代码，是 C#语言中处理多分支选择问题的一种更直观和有效的手段，它在条件语句中特别适合做一组变量相等的判断，在结构上比 if 语句要更清晰。在 if 语句中，if 语句只能测试单个条件，如果需要测试多个条件，则需要书写冗长的代码。而 switch 语句能有效地避免冗长的代码并能测试多个条件。

switch 语句的语法如下：

```
switch (控制表达式)
{
    case 常量表达式 1: 语句 1; break;
    case 常量表达式 2: 语句 2; break;
    case 常量表达式 3: 语句 3; break;
    case 常量表达式 4: 语句 4; break;
    …
    [default:语句 n]
}
```

switch 语句在执行时，首先要比较控制表达式的值和 case 关键字后面常量表达式的值。当某一个常量表达式的值和 switch 语句中的控制表达式的值相等时，就执行该常量表达式后面相应的语句。如果所有的常量表达式和控制表达式的值都不相等，就会直接执行关键字 default 后面的语句 n。

注意：在 switch 语句中，default 语句并不是必需的，但是编写 default 是可以为条件设置默认语句。

switch 语句中的 default 关键字以及后面的语句 n 可以省略，在这种情况下，如果所有的常量表达式的值和控制表达式的值都不相等，程序就会跳出 switch 语句，转向执行 switch 语句下面的语句。示例代码如下：

```
int x;
switch (x)                                                //switch 语句
{
```

```
        case 0: Console.WriteLine("this is 0"); break;           //x=0 时执行
        case 1: Console.WriteLine("this is 1"); break;           //x=1 时执行
        case 2: Console.WriteLine("this is 2"); break;           //x=2 时执行
        default:Console.WriteLine("这是默认情况");break;
}
```

在上述代码中,当 x 等于 0 的时候,就会执行 case 0 的操作,就执行了 Console.WriteLine ("this is 0")。如果 x 等于 1,语句就会执行 case 1 的操作。switch 不仅能够通过数字进行判断,还能够通过字符进行判断。

从上述代码中可以看出,每一个操作后面都使用了一个 break 语句。在 C/C++中,程序员可以被允许不写 break 而贯穿整个 switch 语句,但是在 C#中不以 break 结尾是错误的,并且编译器不会通过。因为 C#的 switch 语句不支持贯穿操作,因为 C#是希望避免在应用程序的开发中出现这样的错误。

注意:在 C#中,可以使用 goto 语句模拟,继续执行下一个 case 或 default。尽管在程序中可以这样做,但是会降低代码的可读性,所以不推荐使用 goto 语句。

switch 语句的控制表达式的取值类型必须是 sbyte、byte、ushort、uint、long、ulong、char、string 或者枚举类型。如果控制表达式不是以上类型的取值,那么就一定要存在一个用户定义的类型转换操作来实现这种转换,并且这种转换也必须是唯一的,否则程序在编译时就会出错。在 switch 中常常会用到枚举类型,示例代码如下:

```
enum season { spring,summer,autumn,winter }          //声明枚举类型
static void Main(string[] args)
{
    season mySeason=season.summer;                   //初始化
    switch (mySeason)
    {
        case season.spring: Console.WriteLine("this is spring"); break;
                                                     //mySeason=spring 时
        case season.summer: Console.WriteLine("this is summer"); break;
                                                     //mySeason=summer 时
        case season.autumn: Console.WriteLine("this is autumn"); break;
                                                     //mySeason=autumn 时
        case season.winter: Console.WriteLine("this is winter"); break;
                                                     //mySeason=winter 时
        default: Console.WriteLine("no one"); break;
    }
    Console.ReadKey();                               //等待用户按键
}
```

在某些情况下,一些条件所达成的效果是相同的,这就要求在 switch 中往往需要对多个标记使用同一语句。switch 语句能够实现多个标记使用同一语句,代码如下:

```
switch (mySeason)
{
    case season.spring:
    case season.summer: Console.WriteLine("this is spring and summer"); break;    //组合 case
    case season.autumn:
    case season.winter: Console.WriteLine("this is autumn and winter"); break;    //组合其他条件
    default: Console.WriteLine("no one"); break;                                   //默认 case
}
```

2.6 使用循环语句

循环结构作为程序设计的3种基本结构之一,应用范围很广泛。例如,累加求和、统计学生的成绩、输出某种数列等。只要需要重复执行某种操作,就可以用到循环结构。循环能够减少代码量,避免重复输入相同的代码行,也能够提高应用程序的可读性。常见的循环语句有 for、while、do、for each。

2.6.1 for 循环语句

for 循环一般用于已知重复执行次数的循环,是程序开发中常用的循环条件之一,当 for 循环表达式中的条件为 true 时,就会一直循环代码块。因为循环的次数是在执行循环语句之前计算的,所以 for 循环又称作预测式循环。当表达式中的条件为 false 时,for 循环会结束循环并跳出。for 循环语法格式如下:

for(初始化表达式,条件表达式,迭代表达式)
　{循环语句}

其中,初始化表达式和迭代表达式可以是一个简单的表达式,也可以是用逗号分隔的若干个表达式;条件表达式一般是关系表达式或逻辑表达式,但也可以是算术表达式或字符表达式等。for 语句的执行过程为:

第一步:首先求解初始化表达式的值。

第二步:判断条件表达式的值是真还是假,如果为真,则执行循环语句,然后再执行下面的第三步;如果为假,则循环结束,程序执行 for 语句下面的语句。

第三步:在执行完循环语句之后,求解迭代表达式的值。

第四步:转回上面的第二步继续执行。

for 语句循环示意图如图 2-1 所示。

开发人员能够通过编写 for 循环语句进行代码块的重复,示例代码如下:

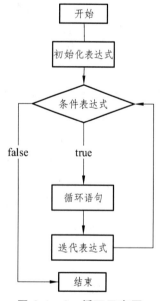

图 2-1　for 循环示意图

```
for (int i = 0; i < 100; i++)              //循环 100 次
```

```
{
    Console.WriteLine(i);                    //输出 i 变量的值
}
```

技巧：for 循环既可做增量操作也可以做减量操作，如可以写为 for(int i=10;i>0;i--)，说明 for 循环的结构非常灵活，同样 for 循环的条件，迭代表达式也不仅仅局限于此。

for 循环还可以声明多个变量，在初始化表达式和迭代表达式中声明不止一个变量，示例代码如下：

```
for (int i = 0, j = 0; (i < 100) && (j < 100); i++, j++)    //多个条件循环
{
    Console.WriteLine("i is" + i);           //输出 i 变量的值
    Console.WriteLine("j is" + j);           //输出 j 变量的值
}
```

2.6.2　while 循环语句

当循环体的执行次数不确定时，还可以使用 while 语句，具体执行次数取决于条件表达式的值，只要条件为 true，则重复该语句。while 语句始终在循环开始前检查该条件，因此 while 循环执行零次或很多次。

1. while 语句的语法

while 语句是除了 for 语句以外另一个常用语句，while 语句的使用方法基本上和 for 语句相同，其区别就在于，for 语句一般需要先知道循环次数，而 while 语句即便不知道循环次数也可以使用。while 语句基本语法如下：

```
while(布尔表达式)
    {执行语句}
```

while 语句包括两个部分，布尔表达式和执行语句，while 语句执行过程为：

第一步：判断布尔表达式值。

第二步：若布尔表达式值为 true 则执行语句，否则跳过。

while 语句循环示意图如图 2-2 所示。

while 语句示例代码如下：

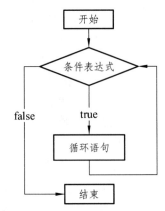

图 2-2　while 语句循环示意图

```
x = 100;                                     //声明整型变量
while (x != 1)                               //判断 x 不等于 1
{
    x--;                                     //x 自减操作
}
```

上述代码，声明并初始化变量 x 等于 100，当判断条件 x!=1 成立时，则执行 x-- 操作，直到条件 x!=1 不成立时才跳过 while 循环。

2. continue 关键字：继续执行语句

在 while 语句中，可以使用 continue 语句来执行下一次迭代而不执行完所有的执行语句，示例代码如下：

```
int x, y;                           //声明整型变量
x = 10;                             //初始化 x
y = 10;                             //初始化 y
while (x != 1)                      //如果 x 不等于 1
{
    x--;                            //x 自减操作
    Console.WriteLine(x);           //输出 x
    continue;                       //返回循环
    y--;                            //y 自减操作（但不执行）
    Console.WriteLine(y);           //输出 y（但不执行）
}
```

上述代码声明了 x, y 两个整型变量，并初始化值为 10，当 x 不等于 1 时执行 while 循环。在 while 循环语句中，当执行到 continue 关键字时则跳出并继续执行 while 循环而不执行 continue 关键字后的语句，如 y--语句。

2. break 关键字：跳出循环语句

break 关键字允许程序在 while 循环中跳出并终止循环，从而能够继续执行循环后的语句，示例代码如下：

```
while (x != 1)                      //如果 x 不等于 1
{
    x--;                            //x 自减操作
    Console.WriteLine(x);           //输出 x
    if (x == 5)                     //如果 x 等于 5
    {
        break;                      //跳出循环
    }
}
```

上述代码判断 x 是否等于 5。x 如果等于 5，则 break 语句会生效并跳出循环，继续执行 while 循环语句之后的代码。

2.6.3　do while 循环语句

当事先不知道需要执行多少次循环体时，可以使用 do…while 语句，执行的具体次数取决于条件表达式的值。可以在条件表达式为 true 时一直重复执行语句。do while 循环和 while 循环十分相似，区别在于 do while 循环会执行一次执行语句，然后再判断 while 中的条件。这种循环称为后测试循环，当程序需要执行一次语句再循环时，do while 语句是非

常实用的。do while 语句语法格式如下：

> do
> {执行语句}
> while(布尔表达式);

do while 语句包含两个部分，执行语句和布尔表达式。与 while 循环语句不同的是，执行步骤首先执行一次执行语句，具体步骤如下：

第一步：执行一次执行语句。
第二步：判断布尔表达式值。
第三步：若布尔表达式值为 true，则继续执行，否则跳出循环。

while 语句循环示意图如图 2-3 所示。

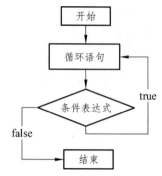

图 2-3　do while 语句循环示意图

do while 语句示例代码如下：

```
int x=80;                       //声明整型变量
do                              //首先执行一次代码块
{
    x ++;                       //x 自增一次
    Console.WriteLine(x);       //输出 x 的值
}
while (x < 100);                //判断 x 是不是小于 100
```

上述代码在运行时会执行一次大括号内的代码块，执行完毕后才会进行相应的条件判断。

2.6.4　foreach 循环语句

for 循环语句常用的另一种用法就是对数组进行操作。C#提供了 foreach 循环语句，如果想重复集合或者数组中的所有条目，使用 foreach 是很好的解决方案。foreach 语句语法格式如下：

> foreach (数据类型 局部变量 in 集合表达式)
> 　　{执行语句};

foreach 语句执行顺序如下：

第一步：判断集合中是否存在元素。
第二步：若存在，则用集合中的第一个元素初始化局部变量。
第三步：执行控制语句。
第四步：集合中是否还有剩余元素，若存在，则将剩余的第一个元素初始化局部变量。
第五步：若不存在，结束循环。

foreach 循环示意图如图 2-4 所示。
foreach 语句示例代码如下：

```
string[] str = { "hello", "world", "nice", "to", "meet", "you" };    //定义数组变量
```

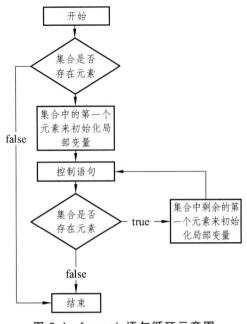

图 2-4 foreach 语句循环示意图

```
foreach (string s in str)                    //如果存在元素则执行循环
{
Console.WriteLine(s);                        //输出元素
}
```

上述代码声明了数组 str，并对 str 数组进行遍历循环。

注意：在使用 foreach 语句的时候，局部变量的数据类型应该与集合或数组的数据类型相同，否则编译器会报错。

2.7 异常处理语句

在编写程序时，不仅要关心程序的正常操作，还应该检查错误和可能发生的各类不可预知的事件。C#为处理程序执行期间可能出现的异常情况提供内置支持，这些异常由正常控制流之外的代码处理。常用的异常语句包括 throw，try，catch 等。

2.7.1 throw 异常语句

使用 throw 语句抛出异常，它有两种格式：throw; 和 throw expression。

throw 语句用于发出在程序执行期间出现的异常情况的信号，引发异常的是一个对象，该对象的类是从 System.Exception 派生的。通常 throw 语句与 try-catch 或 try-final 语句一起使用。示例代码如下：

```
int x = 1;                                   //声明整型变量 x
int y = 0;                                   //声明整型变量 y
```

```csharp
if (y == 0)                                              //如果 y 等于 0
{
    throw new ArgumentException();                       //抛出异常
}
Console.WriteLine("除数不能为 0");                         //输出错误信息
```

上述代码使用 throw 语句引发异常并向用户输出了异常信息。

2.7.2　try-catch-finally 异常语句

C#中的结构化异常处理通常是通过 try-catch-finally 语句实现的。示例代码如下：

```csharp
int x = 1;                                               //声明整型变量 x
int y = 0;                                               //声明整型变量 y
try                                                      //尝试处理代码块
{
    x = x / y;                                           //进行除法计算
}
catch (Exception ee)                                     //捕获异常信息
{
    Console.WriteLine("除数不能为空，具体错误信息如下所示"); //抛出异常
    Console.WriteLine(ee.ToString());                    //输出异常信息
}
finally                                                  //继续执行程序块
{
    Console.WriteLine("系统已自动停止");                   //继续执行程序
}
```

上述代码试图用一个整型变量除以一个值为 0 的整型变量，当异常发生时，catch 捕获并抛出异常，捕获异常后，finally 语句也被执行。

需要注意的是，try-catch-finally 语句结构非常灵活，异常处理中的 try、catch、finally 三部分并不要求全部出现，可以有 try-catch、try-finally、try-catch-finally 三种形式。try-finally 语句依旧会抛出异常，而 try-catch-finally 语句能够捕获异常并执行 finally 语句中的控制语句。编写异常处理程序的方法是：将可能抛出异常的代码放入一个 try 块中，把异常处理代码放入 catch 中。

2.8　小　结

C#是从 C/C++发展而来的面向对象的编程语言，它继承了 C 语言的语法，基于 C++定义的对象模型而设计。本章介绍了C#语言的基本知识，包括数据类型、变量和常量、表达式、流程控制语句以及异常处理等。本章主要讲解了：

（1）变量和常量：介绍了变量的概念、变量的声明以及初始化和常量的创建和使用。

（2）变量规则：介绍了变量的命名、规则。

（3）表达式：介绍了表达式的创建和使用方法。

（4）条件语句：介绍了 if、if else、if else if、switch 等条件语句的使用方法。

（5）循环语句：介绍了 for，while、do while、foreach 等循环语句的使用方法。

（6）异常处理：介绍了异常以及 try-catch-finally 语句的使用方法。

C#的体系结构与 Windows 的体系结构十分相似，因此 C#很容易被开发人员使用并熟悉，能够很快地适应开发。C#是基于.NET 体系的，学好 C#，读者不仅能够开发 ASP.NET 应用程序，也能够开发 WinForm、WPF、WCF 等应用程序。

C#是一种面向对象的编程语言，关于 C#语言面向对象方面的内容在下一章会详细介绍。

第 3 章 Web 窗体基本介绍

3.1 Web Form

Web Form 是 Web 页面的意思，它的后缀名是 aspx。当一个浏览器第一次请求一个 aspx 文件时，Web Form 页面将被 CLR（Common Language Runtime）编译器编译。此后，当再有用户访问此页面时，由于 aspx 页面已经被编译过，所以，CLR 会直接执行编译过的代码。这和 ASP 的情况完全不同。ASP 只支持 VBScript 和 JavaScript 这样的解释性的脚本语言。所以 ASP 页面是解释执行的。当用户发出请求后，无论是第一次，还是第一千次，ASP 的页面都将被动态解释执行。而 ASP.NET 支持可编译的语言，包括 VB.NET、C#、JScript.NET 等。所以，ASP.NET 是一次编译多次执行。

为了简化程序员的工作，aspx 页面不需要手工编译，而是在页面被调用的时候，由 CLR 自行决定是否编译。一般来说，下面两种情况下，aspx 会被重新编译：① aspx 页面第一次被浏览器请求；② .aspx 文件被改写。

由于 ASPX 页面可以被编译，所以 aspx 页面具有组件一样的性能。这就使得 aspx 页面至少比同样功能的 ASP 页面快 250%！

下面我们来看一下简单的 Web 页面。

3.2 我的第一个 Page

把下面的代码复制到 myfirstpage.aspx 文件中，然后从浏览器访问这个文件：

```
<!--源文件：form\web 页面简介\myfirstpage.aspx-->
<form action="myfirstpage.aspx" method="post">

    <h3> 姓名： <input id="name" type=text>

    所在城市： <select id="city" size=1>
                <option>北京</option>
                <option>上海</option>
                <option>重庆</option>
            </select>

    <input type=submit value="查询">

</form>
```

这个页面看似太简单，用 HTML 就可以完成。但是，微软建议用户将所有文件，哪怕是纯 HTML 文件都保存为 aspx 文件后缀，这样可以加快页面的访问效率。不仅仅是在 ASP.NET 环境中，在 IIS 5.0 以后的 ASP 3.0 就已经支持这个特性了。

由于我们没有对表单提交做任何响应，所以当按下"查询"按钮时，页面的内容没有什么改变。

下面将逐步使用 ASP.NET 的思考方式，来完成我们的页面。

3.3 Web 页面处理过程

这一节我们将深入 ASP.NET 内部，看看页面是怎样被处理的。

与所有的服务器端进程一样，当 aspx 页面被客户端请求时，页面的服务器端代码被执行，执行结果被送回浏览器端。这一点和 ASP 并没有太大的不同。

但是，ASP.NET 的架构为我们做了许多别的事情。比如，它会自动处理浏览器的表单提交，把各个表单域的输入值变成对象的属性，使得我们可以像访问对象属性那样来访问客户的输入。它还把客户的点击映射到不同的服务器端事件。

了解 Web 页面的处理过程很重要。这样开发者可以仔细地优化代码，提高代码的效率。

3.3.1 页面的一次往返处理

用户对 Server Control 的一次操作，就可能引起页面的一次往返处理：页面被提交到服务器端，执行响应的事件处理代码，重建页面，然后返回到客户端。

正因为每个 Control 都可能引发一次页面的服务器端事件，所以，ASP.NET 尽量减少了控件的事件类型。很多组件都只有 OnClick 事件。特别地，ASP.NET 不支持服务器端的 OnMouseOver 事件。因为 OnMouseOver 事件发生得非常频繁，所以支持服务器端的 OnMouseOver 事件是非常不现实的。

3.3.2 页面重建

每一次页面被请求，或者页面事件被提交到服务器，ASP.NET 运行环境将执行必要的代码，重建整个页面，把结果页面送到浏览器，然后抛弃页面的变量、控件的状态和属性等页面信息。当下一次页面被处理时，ASP.NET 运行环境是不知道它的上一次执行情况的。在这个意义上，aspx 页面是没有状态的，这也是 HTTP 协议的特点（为了加速页面的访问，在 ASP.NET 页面里面可以使用缓存机制，也就是保存页面的执行结果，下一次页面被请求时，直接送回上一次的执行结果）。

在 ASP 中，当页面被提交到服务器端时，只有那些用户输入的值被传递到服务器。其他（如组件的属性、变量）的值是不会传递的。因此，服务器无法了解组件的进一步的信息。

在 ASP.NET 中，页面对象的属性、页面控件的属性被称为"View State"（页面状态）。页面状态在 ASP.NET 中受到特别"关照"。服务器端（page1.aspx）的代码：

```
<!--源文件：form\web 页面简介\page1.aspx-->
<HTML>
<BODY>
<SCRIPT language="VB" runat="server">
  Sub ShowValues(Sender As Object, Args As EventArgs)
    divResult.innerText = "You selected '" _
 & selOpSys.value & "' for machine '" _
    & txtName.value & "'."
    End Sub
</SCRIPT>
<DIV id="divResult" runat="server">
</DIV>
<FORM runat="server">
机器名：
<INPUT type="text" id="txtName" runat="server">
   <P />
操作系统：
      <select id="selOpSys" size="1" runat="server">
          <OPTION>Windows 85</OPTION>
          <OPTION>Windows 88</OPTION>
          <OPTION>Windows NT4</OPTION>
          <OPTION>Windows 2000</OPTION>
       </SELECT>
    <P />
<INPUT type="submit" value="Submit" runat="server" onserverclick="ShowValues">
</FORM>
    </BODY>
</HTML>
```

运行后将自动被解释成客户端代码，如下：

```
<HTML>
<BODY>
You selected 'Windows 88' for machine 'iceberg'.
<FORM name="ctrl0" method="post" action="pageone.aspx" id="ctrl0">
<INPUT type="hidden" name="__VIEWSTATE" value="a0z1741688108__x">
机器名：
<INPUT type="text" id="txtName" name="txtName" value="tizzy">
      <P />
操作系统：
```

```
<SELECT id="selOpSys" size="1" name="selOpSys">
  <OPTION value="Windows 85">Windows 85</OPTION>
  <OPTION selected value="Windows 88">Windows 88</OPTION>
  <OPTION value="Windows NT4">Windows NT4</OPTION>
  <OPTION value="Windows 2000">Windows 2000</OPTION>
</SELECT>
<P />
<INPUT type="submit" value="Submit">
</FORM>
</BODY>
</HTML>
```

对于上面的代码，服务器端控件能在服务器端脚本中被自由运用。如果我们用传统的 ASP 代码实现上述功能：

```
If Len(Request.Form("selOpSys")) > 0 Then
    StrOpSys = Request.Form("selOpSys")
    StrName = Request.Form("txtName")
    Response.Write("You selected '" & strOpSys _
    & "' for machine '" & strName & "'.")
End If
```

如果我们用 ASP.NET 实现上述功能，程序代码如下：

```
If Len(selOpSys.value) > 0 Then
    Response.Write("You selected '" & selOpSys.value _
    & "' for machine '" & txtName.value & "'.")
End If
```

通过上面的例子不难看出：ASP.NET 页面具有组件方式的方便性和灵活性。

注意：ASP.NET 通过把页面的状态封装到一个隐藏的输入域，从而可以在不同的页面之间实现传递页面的状态。

另外，ASP.NET 也支持应用程序一级的状态管理。这个特性在 ASP 中就已经实现。

3.3.3 页面处理内部过程

我们来看看页面处理的内部过程。下面的过程是依次进行的：

1. Page_load

首先，页面的状态被恢复，然后触发 Page_OnLoad 事件。在这个过程中，可以读取或者重置页面的属性和控件的属性，根据 IsPostBack 属性判定页面是否为第一次被请求，执行数据绑定，等等。

现在我们通过一个具体的例子，来详细讲述 Page_load 事件：

我们先来看 page.aspx 的代码:

```
<!--源文件:form\web 页面简介\page.aspx-->
<%@ Register TagPrefix="Acme" TagName="Login" Src="page.ascx" %>
    <html>
    <title>登录演示</title>
    <script language="VB" runat="server">
    Sub Page_Load(Sender As Object, E As EventArgs)
      If (Page.IsPostBack)
        MyLabel.Text &= "用户名:" & MyLogin.UserId & "<br>"
        MyLabel.Text &= "密码:" & MyLogin.Password & "<br>"
      End If
    End Sub
</script>
<body style="font: 10pt verdana">
 <center> <h3>登录</h3></center>
  <form runat="server">
      <Acme:Login id="MyLogin" UserId="" Password="" BackColor="beige" runat="server"/>
  </form>
    <asp:Label id="MyLabel" runat="server"/>
 </body>
</html>
```

在这个文件中,我们使用了 Page_OnLoad 事件的 IsPostBack 属性,用来显示用户登录时的用户名和密码。

再来看一下 page.ascx 文件:

```
<!--源文件:form\web 页面简介\page.ascx-->
     <script language="VB" runat="server">
     Public BackColor As String = "white"
     Public Property UserId As String
       Get
         Return UserName.Text
       End Get
       Set
         UserName.Text = Value
       End Set
     End Property
     Public Property Password As String
       Get
         Return Pass.Text
```

```
            End Get
            Set
                Pass.Text = Value
            End Set
        End Property
    </script>
<center>
<table style="background-color:<%=BackColor%>;font: 10pt verdana;border-width:1;
border-style:solid;border-color:black;" cellspacing=15>
    <tr>
        <td><b>用户名：</b></td>
        <td><ASP:TextBox id="UserName" runat="server"/></td>
    </tr>
    <tr>
        <td><b>密码：</b></td>
    <td><ASP:TextBox id="Pass" TextMode="Password" runat="server"/></td>
    </tr>
    <tr>
        <td></td>
        <td><ASP:Button Text="提交" runat="server"/></td>
    </tr>
</table>
</center>
```

在这个文件中，我们设置了控件的属性，使之能在 page.aspx 中被调用。

程序的运行界面如图 3-1 所示。

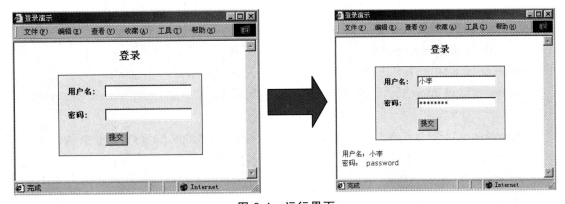

图 3-1　运行界面

在下一个例子中，我们将使用 Page_OnLoad 事件，来执行数据绑定：

文件 databind.aspx 的代码如下：

```
<!--源文件：form\web 页面简介\databind.aspx-->
    <html>
    <head>
    <title>数据绑定演示</title>
      <script language="VB" runat="server">
         Sub Page_Load(sender As Object, e As EventArgs)
            If Not IsPostBack Then
               Dim values as ArrayList= new ArrayList()
               values.Add ("北京")
               values.Add ("上海")
               values.Add ("杭州")
               values.Add ("成都")
               values.Add ("重庆")
               values.Add ("西安")
               DropDown1.DataSource = values
               DropDown1.DataBind
            End If
         End Sub
      //定义按钮的单击事件
         Sub SubmitBtn_Click(sender As Object, e As EventArgs)
         //结果显示
            Label1.Text = "你选择的城市是：" + DropDown1.SelectedItem.Text
         End Sub
      </script>
</head>
<body>
<center><h3><font face="Verdana">数据绑定演示</font></h3></center>
    <form runat=server>
<center><asp:DropDownList id="DropDown1" runat="server" /></center>
<center><asp:button Text="提交" OnClick="SubmitBtn_Click" runat=server/></center>
         <p>
<center><asp:Label id=Label1 font-name="Verdana" font-size="10pt" runat="server" /></center>
    </form>
 <body>
</html>
```

程序运行效果如图 3-2（a）所示。

当我们点击"提交"按钮时，程序运行效果如图 3-2（b）所示。

(a)　　　　　　　　　　　　　　(b)

图 3-2　运行效果

在下面的例子中，我们将用 page_load 事件来对数据库进行连接。

需要说明的是，如果使用 SQL 语句对数据库进行操作，就需要在页面中导入 System.Data 和 System.Data.SQL 名字控件。

```
<%@ Import Namespace="System.Data" %>
<%@ Import Namespace="System.Data.SQL" %>
```

文件 **pagedata.aspx** 的代码如下：

```
<!--源文件：form\web 页面简介\pagedata.aspx-->
    <%@ Import Namespace="System.Data" %>
    <%@ Import Namespace="System.Data.SQL" %>
    <html>
    <script language="VB" runat="server">
    Sub Page_Load(Src As Object, E As EventArgs)
        Dim DS As DataSet
        Dim MyConnection As SQLConnection
        Dim MyCommand As SQLDataSetCommand
        //同数据库进行连接，采用 sql server 数据库
        MyConnection = New SQLConnection("server='iceberg';uid=sa;pwd=;database=info")
        //执行 SQL 操作
        MyCommand = New SQLDataSetCommand("select * from infor",MyConnection)
        DS = New DataSet()
        MyCommand.FillDataSet(ds, "infor")
        MyDataGrid.DataSource=ds.Tables("infor").DefaultView
        MyDataGrid.DataBind()
    End Sub
    </script>
<center>
```

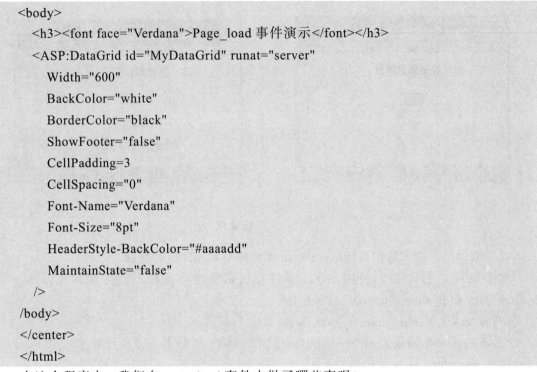

在这个程序中,我们在 page_load 事件中做了哪些事呢?

(1)与数据库连接。在这个例子中,我们使用 SQL Server 作为后台数据库。在这个库中,我们建立了信息数据库,在数据库中有一张信息表。

(2)执行 SQL 操作。

(3)将筛选后的数据显示出来。

程序的运行效果如图 3-3 所示。

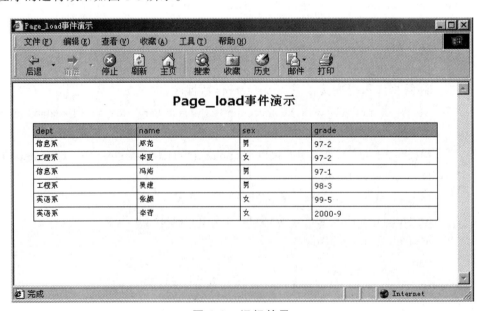

图 3-3　运行效果

上面就是对 Page_load 事件的介绍，相信大家通过例子能对该事件有一定的理解。

2. 事件处理

这一阶段处理表单的事件，可以处理特定的事件，也可以在表单需要校验的情况下，根据 IsValid 属性判定页面的输入是否有效。

Web Form 提供了一些具有验证功能的服务器控件。这些控件提供了一套简单、易用且很强大的功能，能检查输入时是否有错误，而且还能显示提示信息给用户。

对于每个控件来说，都有特定的属性，来验证输入的值是否有效。输入控件需要验证的属性如表 3-1 所示。

表 3-1 输入控件需要验证的属性

控件	需要验证的属性
HtmlInputText	Value
HtmlTextAreaHtm	Value
HtmlSelect	Value
HtmlInputFile	Value
TextBox	Text
ListBox	SelectedItem
DropDownList	SelectedItem
RadioButtonList	SelectedItem

接下来，我们就以例子来讲解表单的有效性验证。

Validate.aspx 的代码如下：

```
<!--源文件：form\web 页面简介\validate.aspx-->
<html>
<head>
    <script language="VB" runat="server">
        Sub ValidateBtn_Click(sender As Object, e As EventArgs)
            If (Page.IsValid) Then
                lblOutput.Text = "页面有效!"
            Else
                lblOutput.Text = "在页面中不能出现空项!"
            End If
        //判断是否输入为数字
            if not isnumeric(TextBox1.text) then
                lbloutput.text="请输入数值!"
            End if
        End Sub
```

```html
    </script>
  </head>
<body>
<center><h3><font face="Verdana">验证表单的例子</font></h3></center>
<p>
<form runat="server">
<title>表单验证</title>
<center>
   <table bgcolor="white" cellpadding=10>
      <tr valign="top">
        <td colspan=3>
           <asp:Label ID="lblOutput" Text=" 请填写下面的内容" ForeColor="red" Font-Name="Verdana" Font-Size="10" runat=server /><br>
        </td>
     </tr>
     <tr>
        <td align=right>
           <font face=Verdana size=2>储蓄卡类型:</font>
        </td>
        <td>
           <ASP:RadioButtonList id=RadioButtonList1 RepeatLayout="Flow" runat=server>
              <asp:ListItem>绿卡</asp:ListItem>
              <asp:ListItem>牡丹卡</asp:ListItem>
           </ASP:RadioButtonList>
        </td>
        <td align=middle rowspan=1>
           <asp:RequiredFieldValidator id="RequiredFieldValidator1"
              ControlToValidate="RadioButtonList1"
              Display="Static"
              InitialValue="" Width="100%" runat=server>
              *
           </asp:RequiredFieldValidator>
        </td>
     </tr>
     <tr>
        <td align=right>
           <font face=Verdana size=2>卡号:</font>
        </td>
```

```
            <td>
                <ASP:TextBox id=TextBox1 runat=server />
            </td>
            <td>
                <asp:RequiredFieldValidator id="RequiredFieldValidator2"
                    ControlToValidate="TextBox1"
                    Display="Static"
                    Width="100%" runat=server>
                    *
                </asp:RequiredFieldValidator>
            </td>
        </tr>
            <td>
        </tr>
        <tr>
            <td></td>
            <td>
                <ASP:Button id=Button1 text="验证" OnClick="ValidateBtn_Click" runat=server />
            </td>
            <td></td>
        </tr>
        </table>
    </center>
</form>
</body>
</html>
```

我们对验证按钮的 OnClick 事件进行编程，其中用到了 IsNumeric()函数，用来判断变量是否为数值型。我们还可以用 IsData()函数对输入的日期进行判断。IsData()接受的合法日期为 100 年 1 月 1 日到 8888 年 12 月 31 日。

程序的运行效果如图 3-4 所示。

当我们在卡号一栏中输入一些字母，而不是数值时，页面上将会提示"请输入数值"。

让我们再举一个很有用的验证应用：

当用户在填写个人信息的时候，往往需要输入身份证号，那么我们是如何进行身份证号的验证呢？

要解决这个问题，首先让我们先看看我国的

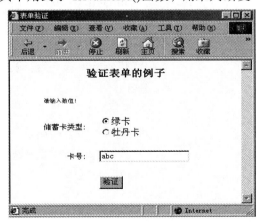

图 3-4 运行效果

身份证号是如何编码的。

   1 2   3   4 5

XX XXXX XXXXXX XX X（这个是没有升位以前的一个身份证号码的组成方式）

1对应省，2对应地市，3对应生日，4对应顺序码，5对应性别。

在这个例子中，我们只对省份进行判断。

身份证号的前两位编码如表3-2所示。

表3-2 身份证号的前两位编码

北京	11	吉林	22	福建	35	广东	44	云南	53
天津	12	黑龙江	23	江西	36	广西	45	西藏	54
河北	13	上海	31	山东	37	海南	46	陕西	61
山西	14	江苏	32	河南	41	重庆	50	甘肃	62
内蒙古	15	浙江	33	湖北	42	四川	51	青海	63
辽宁	21	安徽	34	湖南	43	贵州	52	宁夏	64
新疆	65	台湾	71	香港	81	澳门	82	国外	91

在这个程序中，仅仅做了一个简单的判断。

Validate1.aspx文件的代码如下：

```
<!--源文件：form\web 页面简介\validate1.aspx-->
<html>
<head>
    <script language="VB" runat="server">
        Sub ValidateBtn_Click(sender As Object, e As EventArgs)
            If (Page.IsValid) Then
                lblOutput.Text = "页面有效!"
            Else
                lblOutput.Text = "在页面中不能出现空项!"
            End If
            If  not isnumeric(TextBox1.text) then
                bloutput.text="请输入数值!"
            End if
            //在这里我们只做了一个简单的判断，使用了 left$（）函数
            if left$(textbox1.text,2)<>"11" then
                bloutput.text="请验证你的身份证输入"
            End if
        End Sub
    </script>
```

```html
</head>
<body>
<center><h3><font face="Verdana">验证表单的例子</font></h3></center>
<p>
<form runat="server">
<title>表单验证</title>
<center>
 <table bgcolor="white" cellpadding=10>
    <tr valign="top">
      <td colspan=3>
         <asp:Label ID="lblOutput" Text="请填写下面的内容" ForeColor="red" Font-Name="Verdana" Font-Size="10" runat=server /><br>
      </td>
    </tr>
    <tr>
      <td align=right>
         <font face=Verdana size=2>身份证号:</font>
      </td>
      <td>
         <ASP:TextBox id=TextBox1 runat=server />
      </td>
      <td>
         <asp:RequiredFieldValidator id="RequiredFieldValidator2"
            ControlToValidate="TextBox1"
            Display="Static"
            Width="100%" runat=server>
            *
         </asp:RequiredFieldValidator>
      </td>
    </tr>
      <td>
    </tr>
    <tr>
      <td></td>
      <td>
         <ASP:Button id=Button1 text="验证" OnClick="ValidateBtn_Click" runat=server />
      </td>
      <td></td>
```

```
            </tr>
        </table>
    </center>
    </form>
    </body>
    </html>
```

在这个程序中,我们仅对北京地区的身份证号进行了验证,我们使用 Left$()函数把字符串的前两个字符取出进行比较。如果读者感兴趣,可以把这个程序补充完整。

程序的运行效果如图 3-5 所示。

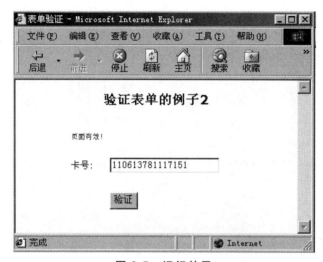

图 3-5 运行效果

这是输入正确的情况,如果输入不正确,显示的效果如图 3-6 所示。

图 3-6 输入不正确

我们在验证的时候，有时需要进行特殊的验证。表 3-3 列出了进行特殊验证时要使用的特殊控件。

表 3-3 进行特殊验证时要使用的特殊控件

控　件	描　述
RequiredFieldValidator	使用户在输入时，不使这一项为空
CompareValidator	对两个控件的值进行比较
RangeValidator	对输入的值进行控制，使其值界定在一定范围内
RegularExpressionValidator	把用户输入的字符和自定义的表达式进行比较
CustomValidator	自定义验证方式
ValidationSummary	在一个页面中显示总的验证错误

现在对各个验证控件进行介绍。

1）RequiredFieldValidator

下面的这个例子，演示了 RequiredFieldValidator 控件的使用方法。

validate3.aspx 文件：

```
<!--源文件：form\web 页面简介\validate3.aspx-->
    <html>
    <body>
    <center>
    <title>验证控件演示 (1)</title>
    <h3><font face="Verdana">验证控件演示 (1)</font></h3>
    <form runat=server>
        姓名：<asp:TextBox id=Text1 runat="server"/>
        <asp:RequiredFieldValidator id="RequiredFieldValidator1" ControlToValidate="Text1" Font-Name="Arial" Font-Size="11" runat="server">
            此项不能为空！
        </asp:RequiredFieldValidator>
        <p>
        <asp:Button id="Button1" runat="server" Text="验证" />
    </form>
    </center>
    </body>
    </html>
```

当我们不在文本框中输入内容时，页面上将会出现不能为空的提示。

程序的运行效果如图 3-7 所示。

图 3-7 运行效果

2）CompareValidator 控件

为了比较两个控件的值，此时我们需要使用 **CompareValidator** 控件。
在下面的这个例子中，我们将讲解 **CompareValidator** 控件的用法。
先看文件 validata4.aspx：

```
<!--源文件：form\web 页面简介\validate4.aspx-->
<%@ Page clienttarget=downlevel %>
<html>
<title>CompareValidator 控件示例</title>
<head>
    <script language="VB" runat="server">
        Sub Button1_OnSubmit(sender As Object, e As EventArgs)
            If Page.IsValid Then
                lblOutput.Text = "比较正确!"
            Else
                lblOutput.Text = "比较不正确!"
            End If
        End Sub
        Sub lstOperator_SelectedIndexChanged(sender As Object, e As EventArgs)
            comp1.Operator = lstOperator.SelectedIndex
            comp1.Validate
        End Sub
    </script>
</head>
```

```html
<body>
<center>
    <h3><font face="Verdana">CompareValidator 控件示例</font></h3>
    <form runat=server>
        <table bgcolor="#eeeeee" cellpadding=10>
        <tr valign="top">
          <td>
              <h5><font face="Verdana">字符串 1:</font></h5>
              <asp:TextBox Selected id="txtComp" runat="server"></asp:TextBox>
          </td>
          <td>
              <h5><font face="Verdana">比较运算符:</font></h5>
              <asp:ListBox id="lstOperator" OnSelectedIndexChanged="lstOperator_SelectedIndexChanged" runat="server">
                    <asp:ListItem Selected Value="Equal" >=</asp:ListItem>
                    <asp:ListItem Value="NotEqual" ><></asp:ListItem>
                    <asp:ListItem Value="GreaterThan" >></asp:ListItem>
                    <asp:ListItem Value="GreaterThanEqual" >>=</asp:ListItem>
                    <asp:ListItem Value="LessThan" ><</asp:ListItem>
                    <asp:ListItem Value="LessThanEqual" >=<</asp:ListItem>
              </asp:ListBox>
          </td>
          <td>
              <h5><font face="Verdana">字符串 2:</font></h5>
              <asp:TextBox id="txtCompTo" runat="server"></asp:TextBox><p>
              <asp:Button runat=server Text="验证" ID="Button1" onclick="Button1_OnSubmit" />
          </td>
        </tr>
        </table>
        <asp:CompareValidator id="comp1" ControlToValidate="txtComp" ControlToCompare = "txtCompTo" Type="String" runat="server"/>
        <br>
        <asp:Label ID="lblOutput" Font-Name="verdana" Font-Size="10pt" runat="server"/>
    </form>
</center>
</body>
</html>
```

在上面的代码中，我们对两个控件的值进行了比较。

当我们在两个文本框中输入值，然后选定运算符，点击验证按钮后，在页面上将显示比较结果，如图 3-8 所示。

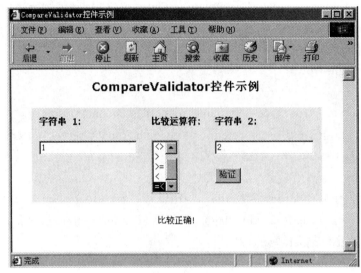

图 3-8 比较结果

3）RangeValidator 控件

RangeValidator 控件主要界定输入的值的范围。因为有时我们要求输入的值是要有一定范围的，所以我们要使用 RangeValidator 来判断。

在下面的这个例子中，我们将来介绍 RangeValidator 控件。

validata5.aspx 文件的代码如下：

```
<!--源文件：form\web 页面简介\validate5.aspx-->
<%@ Page clienttarget=downlevel %>
<html>
<center>
<title>RangeValidator 控件演示</title>
<head>
    <script language="VB" runat="server">
        Sub Button1_Click(sender As Object, e As EventArgs)
            If (Page.IsValid) Then
                lblOutput.Text = "结果正确!"
            Else
                lblOutput.Text = "结果不正确!"
            End If
        End Sub
        Sub lstOperator_SelectedIndexChanged(sender As Object, e As EventArgs)
            rangeVal.Type = lstType.SelectedIndex
```

```
                rangeVal.Validate
            End Sub
    </script>
</head>
<body>

    <h3><font face="Verdana">RangeValidator 控件演示</font></h3>
    <p>
    <form runat="server">
      <table bgcolor="#eeeeee" cellpadding=10>
      <tr valign="top">
        <td>
              <h5><font face="Verdana">输入要验证的值:</font></h5>
              <asp:TextBox Selected id="txtComp" runat="server"/>
        </td>
        <td>
              <h5><font face="Verdana">数据类型:</font></h5>
              <asp:DropDownList id="lstType"  OnSelectedIndexChanged="lstOperator_SelectedIndexChanged"   runat=server>
                 <asp:ListItem Selected Value="String" >String</asp:ListItem>
                 <asp:ListItem Value="Integer" >Integer</asp:ListItem>
              </asp:DropDownList>
        </td>
        <td>
              <h5><font face="Verdana">最小值:</font></h5>
              <asp:TextBox id="txtMin" runat="server" />
        </td>
        <td>
              <h5><font face="Verdana">最大值:</font></h5>
              <asp:TextBox id="txtMax" runat="server" /><p>
              <asp:Button Text="验证" ID="Button1" onclick="Button1_Click" runat="server" />
        </td>
      </tr>
      </table>
      <asp:RangeValidator  id="rangeVal"  Type="String"  ControlToValidate="txtComp" MaximumControl="txtMax" MinimumControl="txtMin" runat="server"/>
       <br>
       <asp:Label id="lblOutput" Font-Name="verdana" Font-Size="10pt" runat="server" />
```

```
        </form>
    </body>
</center>
</html>
```

当我们在 3 个文本框中分别输入要验证的值、最大值和最小值，然后按下验证按钮后，页面上将显示判断的结果。

在本例中我们只能比较 integer 和 string 的值，当然，也可以增加数据类型，如 double 型、float 型、date 型、currency 型等。

运行结果如图 3-9 所示。

图 3-9 运行结果

4）RegularExpressionValidator 控件

我们在制作网站时，尤其是各种电子商务网站，首先都会让用户填写一些表格来获取注册用户的各种信息，因为用户有可能输入各式各样的信息，而有些不符合要求的数据会给我们的后端 ASP 处理程序带来不必要的麻烦，甚至导致网站出现一些安全问题。因此，我们在将这些信息保存到网站的数据库之前，要对这些用户所输入的信息进行数据的合法性校验，以便后面的程序可以安全顺利地执行。

使用 RegularExpressionValidator 服务器控件，可以用来检查我们输入的信息是否和我们自定义的表达式一致。例如，用它可以检查 e-mail 地址、电话号码等合法性。

在讲述 RegularExpressionValidator 服务器控件使用之前，我们先来了解一下正则表达式（Regular Expression）的来源。

正则表达式的"祖先"可以一直上溯至对人类神经系统如何工作的早期研究。Warren McCulloch 和 Walter Pitts 这两位神经生理学家研究出一种数学方式来描述这些神经网络。1856 年，一位叫 Stephen Kleene 的美国数学家在 McCulloch 和 Pitts 早期工作的基础上，发表了一篇标题为"神经网事件的表示法"的论文，引入了正则表达式的概念。正则表达式就是用来描述称为"正则集的代数"的表达式，因此采用"正则表达式"这个术语。随后，发现可以将这一工作应用于使用 Ken Thompson 的计算搜索算法的一些早期研究，Ken Thompson 是 Unix 的主要发明人。正则表达式的第一个实用应用程序就是 Unix 中的 Qed 编辑器。从那时起直至现在正则表达式都是基于文本的编辑器和搜索工具中的一个重要部分。

其实，正则表达式（Regular Expression）就是由普通字符（如字符 a 到 z）以及特殊字符（称为元字符）组成的文字模式。该模式描述在查找文字主体时待匹配的一个或多个字符串。正则表达式作为一个模板，将某个字符模式与所搜索的字符串进行匹配。

使用正则表达式，就可以：

（1）测试字符串的某个模式。例如，可以对一个输入字符串进行测试，看在该字符串是否存在一个电话号码模式或一个信用卡号码模式。这称为数据有效性验证。

（2）替换文本。可以在文档中使用一个正则表达式来标识特定文字，然后可以全部将其删除，或者替换为别的文字。

（3）根据模式匹配从字符串中提取一个子字符串，可以用来在文本或输入字段中查找特定文字。

例如，如果需要搜索整个 Web 站点来删除某些过时的材料并替换某些 HTML 格式化标记，则可以使用正则表达式对每个文件进行测试，看在该文件中是否存在所要查找的材料或 HTML 格式化标记。用这个方法，就可以将受影响的文件范围缩小到包含要删除或更改的材料的那些文件。然后可以使用正则表达式来删除过时的材料，最后，可以再次使用正则表达式来查找并替换那些需要替换的标记。

另一个说明正则表达式非常有用的示例是一种其字符串处理能力还不为人所知的语言。VBScript 是 Visual Basic 的一个子集，具有丰富的字符串处理功能。与 C 类似的 Visual Basic Scripting Edition 则没有这一能力。正则表达式给 Visual Basic Scripting Edition 的字符串处理能力带来了明显改善。不过，可能还是在 VBScript 中使用正则表达式的效率更高，它允许在单个表达式中执行多个字符串操作。

正是由于正则表达式的强大功能，才使得微软慢慢将正则表达式对象移植到了视窗系统上面。在书写正则表达式的模式时使用了特殊的字符和序列。下面描述了可以使用的字符和序列，并给出了实例。

字符描述：

\：将下一个字符标记为特殊字符或字面值。例如，"n"与字符"n"匹配，"\n"与换行符匹配，序列"\\"与"\"匹配，"\("与"("匹配。

^：匹配输入的开始位置。

$：匹配输入的结尾。

：匹配前一个字符零次或几次。例如，"zo"可以匹配"z""zoo"。

+：匹配前一个字符一次或多次。例如，"zo+"可以匹配"zoo"，但不匹配"z"。

?：匹配前一个字符零次或一次。例如，"a?ve?"可以匹配"never"中的"ve"。

.：匹配换行符以外的任何字符。

(pattern)：与模式匹配并记住匹配。匹配的子字符串可以从作为结果的 Matches 集合中使用 Item[0]...[n]取得。如果要匹配括号字符（和），可使用"\("或"\)"。

x|y：匹配 x 或 y。例如，"z|food"可匹配"z"或"food"，"(z|f)ood"匹配"zoo"或"food"。

{n}：n 为非负的整数，匹配恰好 n 次。例如，"o{2}"不能与"Bob"中的"o"匹配，但是可以与"foooood"中的前两个 o 匹配。

{n,}：n 为非负的整数，匹配至少 n 次。例如，"o{2,}"不匹配"Bob"中的"o"，但是匹配"foooood"中所有的 o。"o{1,}"等价于"o+"。"o{0,}"等价于"o*"。

{n,m}：m 和 n 为非负的整数，匹配至少 n 次，至多 m 次。例如，"o{1,3}"匹配"fooooood"中前三个 o。"o{0,1}"等价于"o?"。

[xyz]：一个字符集。与括号中字符的其中之一匹配。例如，"[abc]"匹配"plain"中的"a"。

[^xyz]：一个否定的字符集。匹配不在此括号中的任何字符。例如，"[^abc]"可以匹配"plain"中的"p"。

[a-z]：表示某个范围内的字符，与指定区间内的任何字符匹配。例如，"[a-z]"匹配"a"与"z"之间的任何一个小写字母字符。

[^m-z]：否定的字符区间，与不在指定区间内的字符匹配。例如，"[m-z]"与不在"m"到"z"之间的任何字符匹配。

\b：与单词的边界匹配，即单词与空格之间的位置。例如，"er\b"与"never"中的"er"匹配，但是不匹配"verb"中的"er"。

\B：与非单词边界匹配。"ea*r\B"与"neverearly"中的"ear"匹配。

\d：与一个数字字符匹配。等价于[0-8]。

\D：与非数字的字符匹配。等价于[^0-8]。

\f：与分页符匹配。

\n：与换行符字符匹配。

\r：与回车字符匹配。

\s：与任何白字符匹配，包括空格、制表符、分页符等。等价于"[\f\n\r\t\v]"。

\S：与任何非空白的字符匹配。等价于"[^\f\n\r\t\v]"。

\t：与制表符匹配。

\v：与垂直制表符匹配。

\w：与任何单词字符匹配，包括下划线。等价于"[A-Za-z0-8_]"。

\W：与任何非单词字符匹配。等价于"[^A-Za-z0-8_]"。

\num：匹配 num 个，其中 num 为一个正整数。引用回到记住的匹配。例如，"(.)\1"匹配两个连续的相同的字符。

\n：匹配 n，其中 n 是一个八进制换码值。八进制换码值必须是 1，2 或 3 个数字长。例如，"\11"和"\011"都与一个制表符匹配。"\0011"等价于"\001"与"1"。八进制换码值不得超过 256。否则，只有前两个字符被视为表达式的一部分。允许在正则表达式中使用 ASCII 码。

\xn：匹配 n，其中 n 是一个十六进制的换码值。十六进制换码值必须恰好为两个数字长。例如，"\x41"匹配"A"。"\x041"等价于"\x04"和"1"。允许在正则表达式中使用 ASCII 码。

RegularExpressionValidator 有两种主要的属性用来进行有效性验证。ControlToValidate

包含了一个值进行验证，如取出文本框中的值。例如，ControlToValidate="TextBox1" ValidationExpression 包含了一个正则表达式进行验证。

下面我们就举个例子来说明正则表达式。比如，我们想要对用户输入的电子邮件进行校验，那么，什么样的数据才算是一个合法的电子邮件呢？我们可以这样输入：test@yesky.com，当然我们也会这样输入：xxx@yyy.com.cn,但是这样的输入就是非法的：xxx@@com.cn 或 @xxx.com.cn。因此，我们得出一个合法的电子邮件地址至少应当满足以下几个条件：

（1）必须包含一个并且只有一个符号"@"。
（2）第一个字符不得是"@"或者"."。
（3）不允许出现"@."或者.@。
（4）结尾不得是字符"@"或者"."。

所以根据以上的原则和上面表中的语法，我们很容易就可以得到需要的模板如下："= "^\w+((-\w+)|(\.\w+))*\@[A-Za-z0-8]+((\.|-)[A-Za-z0-8]+)*\.[A-Za-z0-8]+$"

validata6.aspx 的内容：

```
<!--源文件：form\web 页面简介\validate6.aspx-->
</head>
<body>
<center><h3><font face="Verdana">使用正则表达式验证</font></h3></center>
<p>
<form runat="server">
<center>
<title>使用正则表达式验证</title>
    <table bgcolor="#eeeeee" cellpadding=10>
    <tr valign="top">
      <td colspan=3>
        <asp:Label ID="lblOutput" Text="输入 E-mail 地址" Font-Name="Verdana" Font-Size= "10pt" runat="server"/>
      </td>
    </tr>
    <tr>
      <td align=right>
        <font face=Verdana size=2>E-mail:</font>
      </td>
      <td>
        <ASP:TextBox id=TextBox1 runat=server />
      </td>
      <td>
        <asp:RegularExpressionValidator id="RegularExpressionValidator1" runat="server"
          ControlToValidate="TextBox1"
```

```
ValidationExpression="^\w+((-\w+)|(\.\w+))*\@[A-Za-z0-8]+((\.|-) [A-Za-z0-8]+)*\.[A-Za-z0-8]+$"
                Display="Static"
                Font-Name="verdana"
                Font-Size="10pt">
            请输入有效的 E-mail 地址!
        </asp:RegularExpressionValidator>
    </td>
</tr>
<tr>
    <td></td>
    <td>
        <ASP:Button text="验证" OnClick="ValidateBtn_Click" runat=server />
    </td>
    <td></td>
</tr>
</table>
</center>
</form>
</body>
</html>
```

这样,我们只要制定不同的模板,就可以实现对不同数据的合法性校验了。因此,正则表达式对象中最重要的属性就是"Pattern"属性,只有真正掌握了这个属性,才可以自由地运用正则表达式对象来为我们的数据校验进行服务。

程序的运行效果如图 3-10 所示。

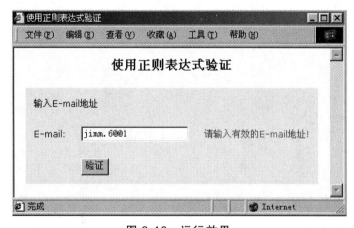

图 3-10 运行效果

通过上面的介绍,我们对数据验证的方法有了一定的认识。在下面的内容中,我们还将通过更具体的实例,来对数据的有效性验证进行讲解。

3. Page_Unload

在这个阶段，页面已经处理完毕，需要做一些清理工作。一般地，可以在这个阶段关闭打开的文件和数据库链路，或者释放对象。

1）断开数据库连接

脚本如下：

```vb
<script language="VB" runat="server">
//定义一个共有变量
    public Dim MyConnection As SQLConnection
//定义 Page_Load 事件
    Sub Page_Load(Src As Object, E As EventArgs)
        Dim DS As DataSet
        Dim MyCommand As SQLDataSetCommand
        MyConnection = New SQLConnection("server='iceberg';uid=sa;pwd=;database=info")
MyCommand = New SQLDataSetCommand("select * from infor",MyConnection)
        Myconnection.open()
        DS = New DataSet()
        MyCommand.FillDataSet(ds, "infor")
        MyDataGrid.DataSource=ds.Tables("infor").DefaultView
        MyDataGrid.DataBind()
    End Sub
//定义 Page_UnLoad 事件
    Sub Page_UnLoad(Src As Object, E As EventArgs)
//与数据库断开连接
        MyConnection.Close()
    End Sub
```

现在我们再来看一个对文件操作的例子。

在这个例子中，我们使用了两个事件：Page_Load 事件和 Page_UnLoad 事件。在 Page_Load 事件先创建一个文件，然后向这个文件中写入内容。在 Page_UnLoad 事件中我们将此文件关闭。

代码如下：

```
<%@ import namespace="system.io" %>
<html>
<head>
<title>ASP.NET 测试写文本文件</title>
</head>
<body>
<script language="vb" runat="server">
```

```
public    Dim writeFile As StreamWriter
Sub Page_Load(Sender As Object,E as EventArgs)
writeFile = File.CreateText( "c:\test.txt" )
writeFile.WriteLine( "这是一个测试文件!" )
writeFile.WriteLine( "使用了 Page_Load 事件和 Page_Unload 事件!" )
Response.Write( "test.txt 创建并写入成功!" )
End Sub
Sub Page_UnLoad(Sender AS Object, E as EventArgs)
writeFile.Close
End Sub
</script>
</body>
</html>
```

这样,我们就使用了 Page_Load 事件和 Page_Unload 事件。很明显,我们定义了 Page_Load 事件,是因为这个阶段页面已经处理完毕,需要做一些清理工作。

上面我们分析了页面处理最重要的几个阶段。应该说明的是:页面的处理过程远比上面的复杂,因为每个控件都需要初始化。在后面的章节中,我们还将了解到更加详细的页面处理过程。

3.4 Web Form 事件模型

在 ASP.NET 中,事件是一个非常重要的概念。我们举两个例子来说明它在 Web Form 中的应用。

3.4.1 例子一:多按钮事件

我们在一个<form></form>里面有几个按钮,多个事件的响应我们该怎么处理呢?在 ASP.NET 中有很好的处理机制,我们可以在一个页面中写几个方法来分别响应不同的事件。

在下面的例子中,根据 5 个按钮的功能,我们定义了 5 个方法:AddBtn_Click(Sender As Object, E As EventArgs)、AddAllBtn_Click(Sender As Object, E As EventArgs)、RemoveBtn_Click (Sender As Object, E As EventArgs)、RemoveAllBtn_Click(Sender As Object, E As EventArgs)、result(Sender As Object, E As EventArgs)分别用来处理全部加进、单个加进、单个取消、全部取消和提交事件。Form 提交时,提交给本页面,由本页面进行处理,代码如下:

```
<form action="menent.aspx" runat=server>
```

其中,menent.aspx 就是本页面。

Menent.aspx 文件的代码如下:

```
<!--源文件:form\web 页面简介\menent.aspx-->
<html>
```

```vb
<script language="VB" runat="server">

    Sub AddBtn_Click(Sender As Object, E As EventArgs)

        If Not (AvailableFonts.SelectedIndex = -1)
            InstalledFonts.Items.Add(New ListItem(AvailableFonts.SelectedItem.Value))
            AvailableFonts.Items.Remove(AvailableFonts.SelectedItem.Value)
        End If
    End Sub


    Sub AddAllBtn_Click(Sender As Object, E As EventArgs)

        Do While Not (AvailableFonts.Items.Count = 0)
            InstalledFonts.Items.Add(New ListItem(AvailableFonts.Items(0).Value))
            AvailableFonts.Items.Remove(AvailableFonts.Items(0).Value)
        Loop
    End Sub


    Sub RemoveBtn_Click(Sender As Object, E As EventArgs)

        If Not (InstalledFonts.SelectedIndex = -1)
            AvailableFonts.Items.Add(New ListItem(InstalledFonts.SelectedItem.Value))
            InstalledFonts.Items.Remove(InstalledFonts.SelectedItem.Value)
        End If
    End Sub


    Sub RemoveAllBtn_Click(Sender As Object, E As EventArgs)

        Do While Not (InstalledFonts.Items.Count = 0)
            AvailableFonts.Items.Add(New ListItem(InstalledFonts.Items(0).Value))
            InstalledFonts.Items.Remove(InstalledFonts.Items(0).Value)
        Loop
    End Sub

Sub result(Sender As Object,E As EventArgs)

dim tmpStr as String

    tmpStr="<br>"
```

```
            Do While Not (InstalledFonts.Items.Count = 0)
                tmpStr=tmpStr & InstalledFonts.items(0).value & "<br>"
                InstalledFonts.items.remove(InstalledFonts.items(0).value)
            Loop
tmpStr=System.Web.HttpUtility.UrlEncodeToString(tmpStr,System.Text.Encoding.UTF 8)
            Page.Navigate("result.aspx?InstalledFonts=" & tmpStr)

End Sub

</script>

<body bgcolor="#ccccff">
<center>
    <h3><font face="Verdana">.NET->不同事件的处理方法!</font></h3>
</center>
<center>
    <form action="menent.aspx" runat=server>

        <table>
          <tr>
            <td>
                现有字体
            </td>
            <td>
               <!-- Filler -->
            </td>
            <td>
                选择的字体
            </td>
          </tr>
          <tr>
            <td>
                <asp:listbox id="AvailableFonts" width="100px" runat=server>
                    <asp:listitem>Roman</asp:listitem>
                    <asp:listitem>Arial Black</asp:listitem>
                    <asp:listitem>Garamond</asp:listitem>
                    <asp:listitem>Somona</asp:listitem>
                    <asp:listitem>Symbol</asp:listitem>
```

```
                </asp:listbox>
            </td>
            <td>
                <!-- Filler -->
            </td>
            <td>
                <asp:listbox id="InstalledFonts" width="100px" runat=server>
                    <asp:listitem>Times</asp:listitem>
                    <asp:listitem>Helvetica</asp:listitem>
                    <asp:listitem>Arial</asp:listitem>
                </asp:listbox>
            </td>
        </tr>
        <tr>
            <td>
                <!-- Filler -->
            </td>
            <td>
                <asp:button text="<<==" OnClick="RemoveAllBtn_Click" runat=server/>
                <asp:button text="<--" OnClick="RemoveBtn_Click" runat=server/>
                <asp:button text="-->" OnClick="AddBtn_Click" runat=server/>
                <asp:button text="==>>" OnClick="AddAllBtn_Click" runat=server/>
   <asp:label id="Message" forecolor="red" font-bold="true" runat=server/>
            </td>
        </tr>
   <tr align=center>
   <td   align=center>
            <asp:button text="提交" Onclick="result" runat=server/>
   <!-- Filler -->
            </td>
        </tr>
     </table>

    </form>
  </center>
 </body>
</html>
```

写一个页面，在提交时接收相关信息。我们在页面进入的时候取得传送过来的数值，用 Request.Params("InstalledFonts")来获得。result.aspx 文件的代码：

```
<!--源文件：form\web 页面简介\result.aspx-->
    <html>
    <script language="VB" runat="server">
        Sub Page_Load(Sender As Object, E As EventArgs)
            If Not (Page.IsPostBack)
                NameLabel.Text = Request.Params("InstalledFonts")
            End If
        End Sub
    </script>


    <BODY >
        <h3><font face="Verdana">.NET->多事件处理！</font></h3>
        <p>
        <p>
        <hr>
        <form action="controls_NavigationTarget.aspx" runat=server>
          <font face="Verdana">
                Hi,你的选择是：<asp:label id="NameLabel" runat=server/>!
            </font>
        </form>
    </body>
</html>
```

程序运行结果如图 3-11 所示。

图 3-11 运行结果

当我们点击提交按钮的时候，将显示如图 3-12 所示的界面。

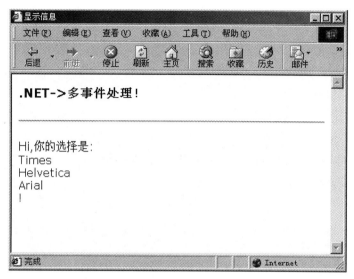

图 3-12 多事件处理

3.4.2 例子二：AutoPostBack

PostBack 属性在 Page_Load 事件中出现，在一个用户请求结束后，如果页面重新 Load，则返回一个 true。这对初始化一个页面来说是一件非常容易的事情，下面看我们的代码：

```
Sub Page_Load(Sender as Object，e as EventArgs)
   If   IsPostBack and ( TextBox2.Text = "")
        TextBox2.Text="Hello" & TextBox1.Text & "!!你好啊!"
   End If
End Sub
```

如果 IsPostBack 返回一个真值并且 TextBox2.Text 为空，程序执行它下面的语句。在另外一个方面，我们设置一个标识：

```
<asp:TextBox id="TextBox1" Text="请在这里输入你的名字！并按下<Tab>"
        AutoPostBack="True" Columns=50 runat="server"/>
```

我们设定 AutoPostBack="True"，自动 PostBack，下面是完整的代码(autopostback.aspx)：

```
<!--源文件：form\web 页面简介\autopostback.aspx-->
<html>
<head>
<script language="VB" runat="server">

Sub Page_Load(Sender as Object，e as EventArgs)
   If   IsPostBack and ( TextBox2.Text = "")
        TextBox2.Text="Hello" & TextBox1.Text & "!!你好啊!"
```

```
      End If
    End Sub

  </script>
</head>
<body>
 <center>
   <br><br><br>
      <h3><font face="Verdana">.NET->AutoPostBack 技术</font></h3>
   <br><br>
 </center>
 <center>
  <form runat="server">
   <p>
      <asp:TextBox id="TextBox1" Text="请在这里输入你的名字！并按下<Tab>"
         AutoPostBack="True" Columns=50 runat="server"/>
   <p>
      <asp:TextBox id="TextBox2" Columns=50 runat="server"/>
   <p>
      <asp:Button Text="提交" Runat="server"/>
   <p>
  </form>
 </center>
</body>
</html>
```

程序的运行效果如图 3-13 所示。

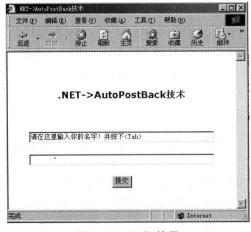

图 3-13　运行效果

输入完成后,按下 Tab 键,得到的结果如图 3-14 所示。

图 3-14 结果

3.5 小 结

在这一章中,我们对 Web Form 页面进行了介绍,通过几个实例,分别介绍了 Server 控件、HTML Server 控件以及 Web Form 的事件模型。在下面的章节中,我们将对本章涉及的概念进行更深入的讲解。

第 4 章 Web 服务器端控件

4.1 服务器端控件示例

在讲述服务器端控件之前，我们先讲述一个具体的例子。

我们说过，在 ASP.NET 里面，一切都是对象。我们也谈到：Web 页面本身就是一个对象。或者说，Web 页面就是一个对象的容器。那么，这个容器可以装些什么东西呢？这一节我们学习服务器端控件，英文是 Server Control，这是 Web 页面能够容纳的对象之一。

什么是 Control？熟悉 VB 的读者肯定再清楚不过了。简单地说，Control 就是一个可重用的组件或者对象，这个组件不但有自己的外观，还有自己的数据和方法，大部分组件还可以响应事件。通过微软的集成开发环境（Visual Studio.NET 7.0），可以简单地把一个 Control 拖放到一个 Form 中。

那为什么叫"Server Control"？这是因为这些 Control 是在服务器端存在的。服务器端控件也有自己的外观，在客户端浏览器中，Server Control 的外观由 HTML 代码来表现。Server Control 会在初始化时，根据客户的浏览器版本，自动生成适合浏览器的 HTML 代码。以前我们在制作网页或者 ASP 程序时，必须考虑浏览器的不同版本对 HTML 的支持有所不同，比如 Netscape 和 IE 对 DHTML 的支持就有所不同。当时，解决浏览器版本兼容问题的最有效方法，就是在不同版本的浏览器中做测试。现在，由于 Server Control 自动适应不同的浏览器版本，也就是自动兼容不同版本的浏览器，程序员的工作量减轻了许多。下面，我们来看看如何在 Web Form 中嵌入 Server Control。我们的例子是从上一章继承来的，如图 4-1 所示。

图 4-1 示例

下面是实现图 4-1 所示的效果的代码（sample.aspx）：

```
<!--源文件：form\ServerControl\sample.aspx-->
<html>
    <script language="VB" runat=server>
        Sub SubmitBtn_Click(Sender As Object, E As EventArgs)
            Message.Text = "Hi " & Name.Text & ", 你选择的城市是： " & city.SelectedItem.Text
        End Sub
    </script>
    <body>
        <center>
        <form action="form2.aspx" method="post" runat="server">
            <h3>姓名：<asp:textbox id="Name" runat="server"/>

            所在城市：<asp:dropdownlist id="city" runat=server>
                    <asp:listitem>北京</asp:listitem>
                    <asp:listitem>上海</asp:listitem>
                    <asp:listitem>重庆</asp:listitem>
                </asp:dropdownlist>
            <asp:button type=submit text="确定" OnClick="SubmitBtn_Click" runat="server"/>
            <p>
            <asp:label id="Message" runat="server"/>
        </form>
        </center>
    </body>
</html>
```

注意：在上面的代码中我们使用了 3 种 Server Control，分别是：asp:textbox，asp:dropdownlist，asp:label。

3 个控件都有相同的 RunAt 属性：**RunAt="Sevrer"**。所有的服务器端控件都有这样的属性。这个属性标志了一个控件是在 Server 端进行处理的。

我们看下面的代码：

```
<script language="VB" runat=server>
    Sub SubmitBtn_Click(Sender As Object, E As EventArgs)
        Message.Text = "Hi " & Name.Text & ", 你选择的城市是:" & city.SelectedItem.Text
    End Sub
</script>
```

用过 VB 的读者是不是觉得很熟悉？没错，这是用 VB 写的一个事件处理函数，void SubmitBtn_Click(Object sender, EventArgs e)，可能一看就明白了，void 代表该函数没有返回值，该函数带有两个参数，可是这里的 Sender 是什么意思呢？它的用处又到底是什么呢？其实很简单，这个 Sender 就是这个事件的触发者。这里，Sender 就是被 Click 的 button。

其中代码只有一行,这行代码中的 Message、Name、city 我们并没有定义,那么它们是从哪里来的呢?

看下面的代码:

```
<form action="form2.aspx" method="post" runat="server">
    <h3> Name: <asp:textbox id="Name" runat="server"/>
         Category:    <asp:dropdownlist id="city" runat=server>
                          <asp:listitem>北京</asp:listitem>
                          <asp:listitem>上海</asp:listitem>
                          <asp:listitem>重庆</asp:listitem>
                      </asp:dropdownlist>
<asp:button type=submit text="确定" OnClick="SubmitBtn_Click" runat="server"/>
<p>
         <asp:label id="Message" runat="server"/>
    </form>
```

我们发现每个服务端的控件都带有一个 ID 号,而我们在 VB.NET 代码中所引用的就是这些 ID。我们可以认为 ID 就是控件的名称。在 ASP 中我们也使用过 ID, 那时候, ID 属性和 Name 属性并没有什么不同。

```
<input id=email name=email >
```

在客户端,我们通过 VBSCript 代码或者 JScript 代码,可以这样访问 Form 表单的 Input 域:

```
<SCRIPT LANGUAGE=javascript>
<!--
    document.all("email")="darkman@yesky.com";
//-->
</SCRIPT>
```

从上面的代码可以看出,在 DHTML 中,我们也是通过 ID 来访问 Form 表单的输入域。在 aspx 中,情况有些类似,差别在于:一个在客户端,一个在服务器端。

如果和第一节的例子代码对比,将会发现:这个表单的写法和 HTML 表单完全不同。首先,所有的表单项包括表单本身后面都加上了 runat=server,这句话的意思就是说这个是服务器端控制项,另外像传统表单<input type=text>等的写法都变了,仔细观察一下可以看出,原来的文本框变为<asp:textbox>,选择框变为<asp:dropdownlist>,选择框选项变为<asp:listitem>,而 submit 按钮变为<asp:button>,这个按钮对应的控制函数就是 SubmitBtn_Click 函数,它是运行在服务器端的。另外还有一个服务器端控件<asp:label id="Message" runat="server"/>,这个 asp:label 是传统表单所没有的,它是一个服务器端文本控制,那么就存在一个问题,如果传统的 HTML 里没有这个元素,那么 ASP.NET 是怎么接收的呢?运行这个程序,然后查看 HTML 源码,我们将会发现有这么一行:

```
<input   type="hidden"   name="__VIEWSTATE value="..." />
```

ASP.NET 就是通过这个隐藏表单的形式传递过去的。

所以,一个客户端控件加上 runat=Server 就变成服务器端控件。服务器端控件能在服器端脚本中被自由运用。在以后的章节中，我们还要对常用的服务器端控件进行详细介绍。

4.2 文本输入控件

文本输入控件目的是让用户输入文本，文本模式是一个单行的输入框，但是用户可以根据自己的需要把它改成密码输入模式或者多行输入模式。

在此我们用单行文本输入模式和密码模式来说明，在 ASP.NET 中，输入一个文本，可用下面的语句来表示：

    <!--输入邮件地址-->
        <asp:TextBox id=email width=200px maxlength=60 runat=server />

第一句为注释，我们可以设定输入框的宽度和文本的长度，runat=server 为表示运行于服务器端。下面我们来看看输入控件的校验，一个简单的语句就可以实现我们在普通的 HTML 页面上复杂的 JavaScript、VBScript 或者其他代码的验证。首先我们用户必须输入邮件地址：

    <!--验证邮件的有效性！ ->不能为空-->
    <asp:RequiredFieldValidator id="emailReqVal"
        ControlToValidate="email"
        ErrorMessage="Email. "
        Display="Dynamic"
        Font-Name="Verdana" Font-Size="12"
        runat=server>
        *
    </asp:RequiredFieldValidator>

ControlToValidate="email"属性为针对 TextBox id=email 的文本框，Display 属性我们定义为"Dynamic"，即当鼠标光标所在位置发生变化时属性根据条件变化。如果为空，则打印出"＊"字符出来。

在通常情况下，邮件地址总会包含一些特定的字符，我们在验证的时候，就可以要求用户输入的内容中包含我们规定的字符。

    <!--验证邮件的有效性！ ->必须包含有效字符-->
    <asp:RegularExpressionValidator id="emailRegexVal"
        ControlToValidate="email"
        Display="Static"
        ValidationExpression="^[\w-]+@[\w-]+\.(com|net|org|edu|mil)$"
        Font-Name="Arial" Font-Size="11"
        runat=server>
        不是有效邮件地址
    </asp:RegularExpressionValidator>

ControlToValidate="email"语句跟上面一样，ValidationExpression="^[\w-]+@[\w-]+\.

(com|net|org|edu|mil)$"表示我们在邮件里要包含的内容,如果没有包含,则打印出"不是有效邮件地址"的提示。

  对密码也是同样的道理,主要的差别是,对于密码,通常我们要确认一次,校验两次输入的密码是否相等。下面是我们的代码:

```
<!--输入确认密码->两个密码是否相等-->
<asp:CompareValidator id="CompareValidator1"
    ControlToValidate="passwd2" ControlToCompare="passwd"
    Display="Static"
    Font-Name="Arial" Font-Size="11"
    runat=server>
    密码不相等
</asp:CompareValidator>
```

ControlToValidate="passwd2" ControlToCompare="passwd"语句即为两个密码之间的比较,如果不相等,打印出"密码不相等"的提示。

  下面是完整的代码(textbox.aspx):

```
<!--源文件:form\ServerControl\textbox.aspx-->
<html>
<body>
 <br><br><br>
  <center>
    <h3><font face="Verdana">.NET->文本控件</font></h3>
  </center>
    <form method=post runat=server>
    <hr width=600 size=1 noshade>
<br><br>
    <center>
    <!--标题-->
    <asp:ValidationSummary ID="valSum" runat="server"
        HeaderText="按照下面的要求填写:"
        DisplayMode="SingleParagraph"
        Font-Name="verdana"
        Font-Size="12"
        />
<p>
<table border=0 width=600>
<tr>
    <td align=right>
        <font face=Arial size=2>电子邮件:</font>
```

```
            </td>
            <td>
<!--输入邮件地址-->
 <asp:TextBox id=email width=200px maxlength=60 runat=server />
            </td>
            <td>
<!--验证邮件的有效性！->不能为空-->
    <asp:RequiredFieldValidator id="emailReqVal"
        ControlToValidate="email"
        ErrorMessage="Email. "
        Display="Dynamic"
        Font-Name="Verdana" Font-Size="12"
        runat=server>
            *
    </asp:RequiredFieldValidator>
<!--验证邮件的有效性！->必须包含有效字符-->
    <asp:RegularExpressionValidator id="emailRegexVal"
        ControlToValidate="email"
        Display="Static"
        ValidationExpression="^[\w-]+@[\w-]+\.(com|net|org|edu|mil)$"
        Font-Name="Arial" Font-Size="11"
        runat=server>
        不是有效邮件地址
    </asp:RegularExpressionValidator>
            </td>
</tr>

<tr>
    <td align=right>
        <font face=Arial size=2>密码:</font>
    </td>
    <td>
<!--输入密码-->
        <asp:TextBox id=passwd TextMode="Password" maxlength=20 runat=server/>
    </td>
    <td>
<!--输入密码->密码不能为空-->
        <asp:RequiredFieldValidator id="passwdReqVal"
```

```
            ControlToValidate="passwd"
            ErrorMessage="Password. "
            Display="Dynamic"
            Font-Name="Verdana" Font-Size="12"
            runat=server>
            *
        </asp:RequiredFieldValidator>
<!--输入密码->包含其中有效字符-->
        <asp:RegularExpressionValidator id="passwdRegexBal"
            ControlToValidate="passwd"
            ValidationExpression=".*[!@#$%^&*+;:].*"
            Display="Static"
            Font-Name="Arial" Font-Size="11"
            Width="100%" runat=server>
            密码必须包含 (!@#$%^&amp;*+;:)
        </asp:RegularExpressionValidator>
    </td>
</tr>
<tr>
    <td align=right>
        <font face=Arial size=2>再次输入密码:</font>
    </td>
    <td>
<!--输入确认密码->-->
        <asp:TextBox id=passwd2 TextMode="Password" maxlength=20 runat=server/>
    </td>
    <td>
<!--输入确认密码->不能为空-->
        <asp:RequiredFieldValidator id="passwd2ReqVal"
            ControlToValidate="passwd2"
            ErrorMessage="Re-enter Password. "
            Display="Dynamic"
            Font-Name="Verdana" Font-Size="12"
            runat=server>
            *
        </asp:RequiredFieldValidator>
<!--输入确认密码->两个密码是否相等-->
        <asp:CompareValidator id="CompareValidator1"
```

```
                ControlToValidate="passwd2" ControlToCompare="passwd"
                Display="Static"
                Font-Name="Arial" Font-Size="11"
                runat=server>
                密码不相等
            </asp:CompareValidator>
         </td>
       </tr>
     </table>
     <p>
         <input runat="server" type=submit value="提交">
     <p>
     <hr width=600 size=1 noshade>

    </form>
   </center>
  </body>
</html>
```

程序运行结果如图 4-2 所示。

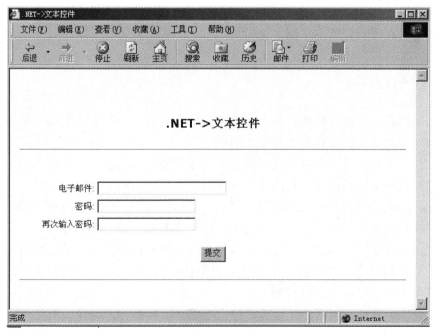

图 4-2 运行结果

如果我们不按照要求输入,会得如图 4-3 所示的提示。

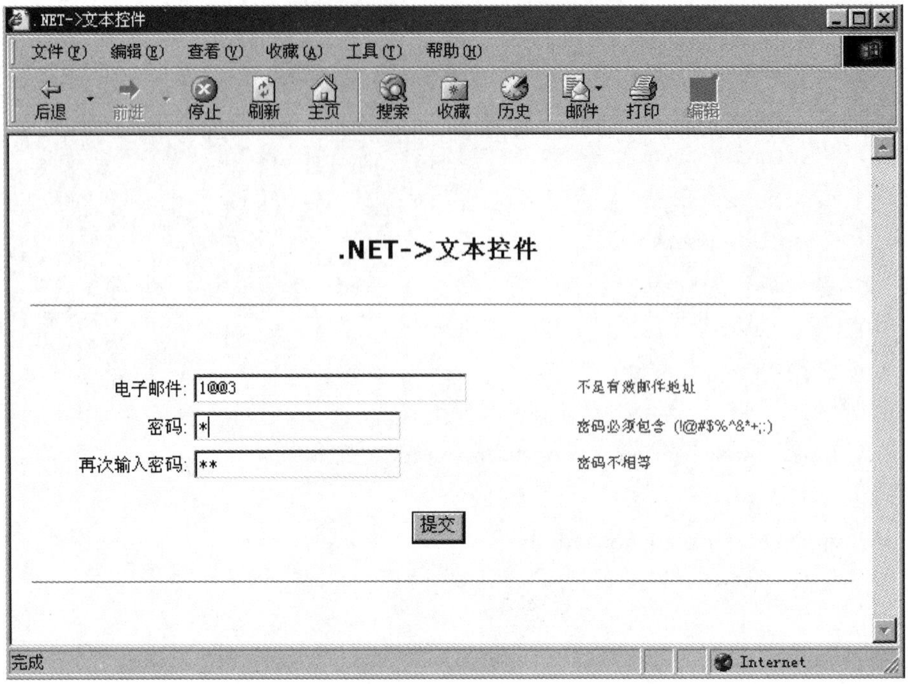

图 4-3 错误提示

多行文本输入控件一般用来输入相关的内容，如用户简短介绍、相关信息的补充等，一般情况下可以不用限制用户的输入。当然有些时候（像留言板）我们不希望用户的输入内容中包含 HTML 的相关标记，这个时候我们就可以用上面的方法来限制用户的输入，用法都是一样的，在此我们就不举例来说明了。

4.3 按钮控件

使用按钮控件的目的是使用户对页面的内容做出判断，当按下按钮后，页面会对用户的选择做出一定的反应，达到与用户交互的目的。

按钮控件的使用虽然很简单，但是按钮控件却是最常用的服务器控件之一，值得我们学习。对按钮控件的使用要注意它的 3 个事件和 1 个属性，即：

OnClick 事件，即用户按下按钮后即将触发的事件。我们通常在编程中，利用此事件，完成对用户选择的确认、对用户表单的提交、对用户输入数据的修改等。

OnMouseOver 事件，当用户的光标进入按钮范围触发的事件。为了使页面有更生动的显示，我们可以利用此事件完成。例如，当光标移入按钮范围时，使按钮发生某种显示上的改变，用以提示用户可以进行选择了。

OnMouseOut 事件，当用户光标脱离按钮范围触发的事件。同样，为使页面生动，当光标脱离按钮范围时，也可以发生某种改变，如恢复原状，用以提示用户脱离了按钮选择范围，若此时按下鼠标，将不是对按钮的操作。

Text 属性，按钮上显示的文字，用以提示用户进行何种选择。

例子：下例将显示 3 个按钮，分别演示 3 种事件的处理。

当按下第一个按钮时，根据<asp:button id="btn1" text="OnClick 事件演示" Width=150px Onclick="btn1_Onclick" runat=server />的定义将调用 btn1_OnClick 过程，该过程的作用，即在按钮后显示 lbl1 控件的内容"OnClick 事件触发"。

当移动光标到第二个按钮时，根据按钮定义<asp:button id="btn2" text="OnMouseOver 事件演示"Width=150px OnMouseOver="this.style.backgroundColor='lightgreen'" OnMouseOut= "this.style.backgroundColor='buttonface'"runat=server />，光标移动到按钮上时，按钮的背景色应该变为淡绿色。

当移动光标到第三个按钮时，根据其定义<asp:button id="btn3" text="OnMouseOut 事件演示"Width=150pxOnMouseOver="this.style.fontWeight='bold'"OnMouseOut="this.style.fontWeight = 'normal'"runat=server />，按钮的字体变为黑体，但是我们要观察的是，当把光标移开后，第三个按钮是否恢复正常的字体。

（1）源程序（FormButton.aspx）：

```
<!--源文件：form\ServerControl\formbutton.aspx-->
<!-- 文件名：FormButton.aspx -->
<html>
<script language="vb" runat=server>
sub btn1_OnClick(s as object,e as EventArgs)
lbl1.text="Onclick 事件触发"
end sub

</script>

  <head>
  <title>
    Button 控件的使用
  </title>
  </head>

<body bgcolor=#ccccff>
  <center>
    <h2>Button 控件三种事件的响应实验</h2>
    <hr>
  </center>
    <form runat=server>
        <asp:button id="btn1" text="OnClick 事件演示" Width=150px Onclick="btn1_Onclick" runat=server />
              
```

```
            <asp:label id="lbl1" runat=server/>
            <br>

            <asp:button id="btn2" text="OnMouseOver 事件演示" Width=150px OnMouseOver=
"this.style.backgroundColor='lightgreen'"
            OnMouseOut="this.style.backgroundColor='buttonface'"
            runat=server />

            <br>

            <asp:button id="btn3" text="OnMouseOut 事件演示" Width=150px OnMouseOver=
"this.style.fontWeight='bold'"
        OnMouseOut="this.style.fontWeight='normal'"
         runat=server />

        </form>

<body>
```

（2）开始时的输出画面如图 4-4 所示。

图 4-4 输出画面

（3）当按下"OnClick 事件演示"按钮后，lbl1 显示"OnClick 事件触发"，如图 4-5 所示。

图 4-5 显示"OnClick 事件触发"

（4）当移动光标到"OnMouseOver 事件演示"按钮时，该按钮背景色变为淡绿色，如图 4-6 所示。

图 4-6 按钮背景色变为谈绿色

（5）当光标移动到"OnMouseOut 事件演示"按钮时，该按钮的字体变为黑体，但是我们需要观察的是再移开光标后，字体是否恢复正常。结论是会的，这里只给出了移动到该按钮时的画面，移开后的画面由于和开始画面一样，就不演示了。

4.4 复选控件

在日常信息输入中，我们会遇到这样的情况，输入的信息只有两种可能性（例如：性别、婚否之类），如果采用文本输入的话，一者输入烦琐，二者无法对输入信息的有效性进行控制，这时如果采用复选控件（CheckBox），就会大大减轻数据输入人员的负担，同时输入数据的规范性得到了保证。

CheckBox 的使用比较简单，主要使用 ID 属性和 Text 属性。ID 属性指定对复选控件实例的命名，Text 属性主要用于描述选择的条件。另外当复选控件被选择以后，通常根据其 Checked 属性是否为真来判断用户选择与否。

例如，使用复选控件：

```
…
<asp:CheckBox id="chkbox1" text="中国人" runat=server/>
…
```

判断条件满足否：

```
…
If chkbox1.Checked=True
    LblTxt.text="是中国人"
Else
    LblTxt.text="不是中国人"
End If
…
```

4.5 单选控件

使用单选控件的情况跟使用复选控件的条件差不多，区别的地方在于，单选控件的选择可能性不一定是两种，只要是有限种可能性，并且只能从中选择一种结果，在原则上都可以用单选控件（RadioButton）来实现。

单选控件主要的属性跟复选控件也类似，也有 ID 属性和 Text 属性，同样也依靠 Checked 属性来判断是否选中，但是与多个复选控件之间互不相关不同，多个单选控件之间存在着联系，要么是同一选中的条件，要么不是。所以单选控件多了一个 GroupName 属性，它用来指明多个单选控件是否是同一条件下的选择项，GroupName 相同的多个单选控件之间只能有一个被选中。

例如，对单选控件的使用：
年龄选择：

```
<asp:RadioButton id="rbtn11" text="20 岁以下" GroupName="group1" runat=server /><br>
<asp:RadioButton id="rbtn12" text="20～30 岁" GroupName="group1" runat=server /><br>
<asp:RadioButton id="rbtn13" text="30～40 岁" GroupName="group1" runat=server /><br>
<asp:RadioButton id="rbtn14" text="40 岁以上" GroupName="group1" runat=server /><br>
```

工作收入：
<asp:RadioButton id="rbtn21" text="1000 元以下" GroupName="group2" runat=server />
<asp:RadioButton id="rbtn22" text="1000～2000 元" GroupName="group2" runat=server/>
<asp:RadioButton id="rbtn23" text="2000 元以上" GroupName="group2" runat=server />
…

对选择条件的判断：

```
    …
    If   rbtn11.Checked = True
        LblResult1.text="20 岁以下"
Else if rbtn12.Checked = True
    LblResult1.text="20～30 岁"
Else if rbtn13.Checked = True
    LblResult1.text="30～40 岁"
Else
    LblResult1.text="40 岁以上"
End If

If rbtn21.Checked = True
    LblResult2.text="1000 元以下"
Else if rbtn22.Checked = True
    LblResult2.text="1000～2000 元"
Else
    LblResult.text="2000 元以上"
End If
…
```

4.6 列表框

列表框（ListBox）是在一个文本框内提供多个选项供用户选择的控件，它比较类似于下拉列表，但是没有显示结果的文本框。后面，我们会知道列表框实际上很少使用，大部分时候，我们都使用列表控件 DropDownList 来代替 ListBox 加文本框的情况，在这里对列表框的讨论，主要是为以后应用学习一些简单的控件属性。

列表框的属性 SelectionMode，选择方式主要是决定控件是否允许多项选择。当其值为 ListSelectionMode.Single 时，表明只允许用户从列表框中选择一个选项；当值为 List.SelectionMode.Multi 时，用户可以用 Ctrl 键或者是 Shift 键结合鼠标，从列表框中选择多个选项。

属性 DataSource，说明数据的来源，可以为数组、列表、数据表。

方法 DataBind，把来自数据源的数据载入列表框的 items 集合。

在这里，我们将结合前面学习的按钮控件（Button）、复选控件（CheckBox）、单选控件（RadioButton）以及列表框（ListBox）给出一个实例。

首先，页面加载时，我们产生一个数组Values，并添加4个关于水果的测试数据到Valuse数组。然后列表框从数组取得数据加载进自己的 items 集合。然后根据复选控件 chkBold 的状态决定是否用黑体字输出列表框的选择结果。根据单选控件 rbtnMulti 和 rbtnSingle 的状态决定下一次列表框是否允许多选，最后按下按钮控件提交表单，显示选择的结果。

源程序（FormListBox.aspx）：

```
<!--源文件：form\ServerControl\formlistbox.aspx-->
<html>
 <head>
 <title>
 ListBox 控件试验
 </title>
 </head>

    <script language="VB" runat=server>
    Sub Page_Load()

       //如果选中黑体复选控件，把文本标签的字体设为黑体
       If chkBold.Checked
            lblTxt.font.bold=True
       Else
            lblTxt.font.bold=False
       End If

       //如果选中多选的单选控件，那么则把列表框设为允许多选
       If  rbtnMulti.Checked
         list1.SelectionMode=ListSelectionMode.Multiple
       Else
         list1.SelectionMode=ListSelectionMode.Single
       End If

       If Not IsPostBack
       //第一次请求时，为列表框设置数据
       Dim values as ArrayList=new ArrayList()

           values.add("苹果")
           values.add("梨子")
```

```
            values.add("香蕉")
            values.add("西瓜")
            list1.datasource=values
            list1.databind
       Else
       //把从列表框选中的内容赋予文本标识，如果未选择，显示"未选择"
       Dim i as int32
       Dim tmpStr as String

       //对列表框 list1 的 items 集合轮询，根据其 Selected 属性，判断是否被选中
       For i=0 to list1.items.count-1
           If list1.items(i).selected
           tmpStr=tmpStr & " " & list1.items(i).text
           End If
       Next

       If tmpStr is Nothing
       tmpStr="未选择"
       End If

       lblTxt.text="您选中的项为：" & tmpStr

       End If

End Sub
   </script>

   <body >
      <center>
        <h2>ListBox 控件试验</h2>
        <hr>
        <form method="POST" runat=server>
           请选择水果
<br>
           <asp:ListBox id="list1" runat=server/>
        <br>
           <asp:CheckBox id="chkBold" text="黑体" runat=server />
           <br>
```

```
            //第一次设置为单项选择
            <asp:RadioButton id="rbtnSingle" Checked=True text="单项选择" groupname="group1" runat=server />
            <asp:RadioButton id="rbtnMulti" text="多项选择" groupname="group1" runat=server />
<br>
    <asp:button text="提交" runat=server />
        <hr>
    <asp:label id="lblTxt" runat=server />
      </form>
    </center>
   </body>
</html>
```

开始时的输出画面（第一次默认设置为单项选择）如图4-7所示。

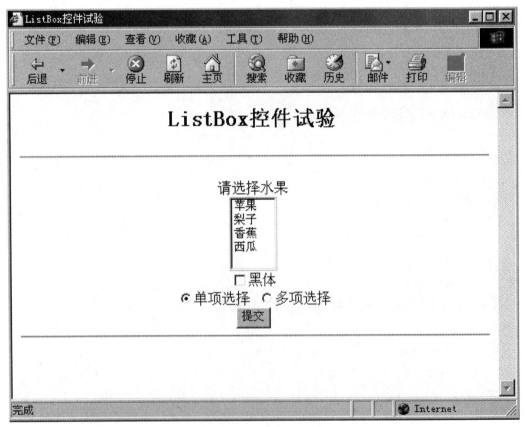

图 4-7 输出画面

选择以黑体字输出，并且允许多项选择后的画面如图4-8所示。

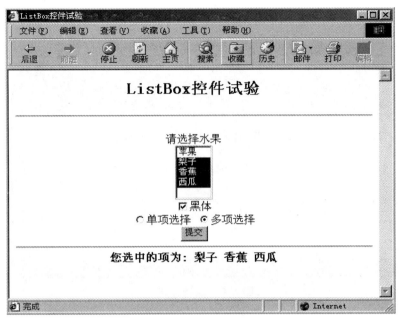

图 4-8 多项选择

4.7 RequiredFieldValidator

这个 RequiredFieldValidator 服务器控件保证用户不会跳过一个入口，如果用户输入的值符合 RequiredFieldValidator 的要求，这个值就是有效的；否则，不会跳过这一输入步骤而往下走。

下面的例子(RequiredFieldValidator.aspx)验证了这个要求：

```
<!--源文件：form\ServerControl\requiredfieldvalidator.aspx-->
<html>
<title>检验</title>
    <h3><font face="Verdana">.NET->RequiredFieldValidator Example</font></h3>
    <form runat=server>
        Name: <asp:TextBox id=Text1 runat="server"/>
        <asp:RequiredFieldValidator id="RequiredFieldValidator1" ControlToValidate="Text1"

Font-Name="Arial" Font-Size="11" runat="server">
            Required field!
        </asp:RequiredFieldValidator>
        <p>
        <asp:Button id="Button1" runat="server" Text="验证" />
    </form>
</body>
</html>
```

程序运行效果如图 4-9 所示。

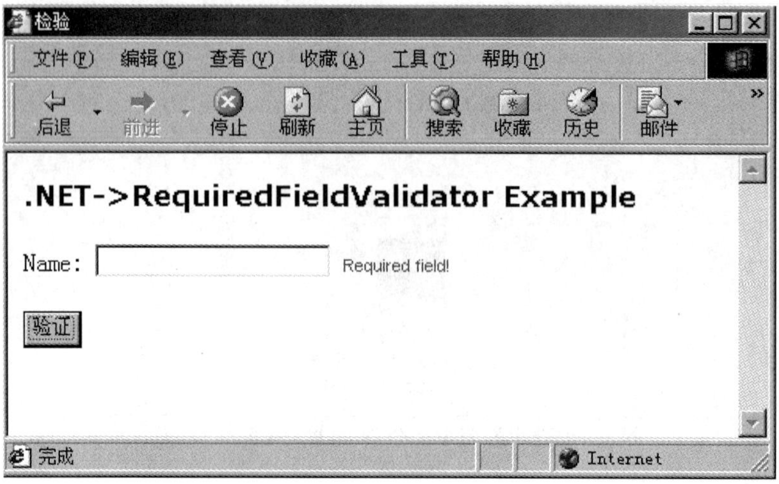

图 4-9　运行效果

4.8　ValidationSummary

用户的输入有时候是按照一定的顺序来的，有效性控件验证用户的输入并设置一个属性来显示用户的输入是否通过了验证。当所有的验证项都被处理之后，页面的 IsValid 属性就被设置，当有其中的一个验证没有通过时，整个页面将不会通过验证。

当页面的 IsValid 属性为 false 时，ValidationSummary 属性将会表现出来。它获得页面上的每个确认控件并对每个错误提出修改信息。

文件 Summary.aspx 的内容：

```
<!--源文件：form\ServerControl\summary.aspx-->
<%@ Page clienttarget=downlevel %>
<html>
<head>
    <script language="VB" runat="server">

        Sub ListFormat_SelectedIndexChanged(sender As Object, e As EventArgs)

            ' Change display mode of the validator summary when a new option
            ' is selected from the "ListFormat" dropdownlist
            valSum.DisplayMode = ListFormat.SelectedIndex

        End Sub

    </script>

</head>
```

```html
<BODY>
<h3><font face="Verdana">ValidationSummary Sample</font></h3>
<p>

<form runat="server">
<table cellpadding=10>
    <tr>
        <td>
            <table bgcolor="#eeeeee" cellpadding=10>
            <tr>
              <td colspan=3>
              <font face=Verdana size=2><b>Credit Card Information</b></font>
              </td>
            </tr>
            <tr>
              <td align=right>
                <font face=Verdana size=2>Card Type:</font>
              </td>
              <td>
                <ASP:RadioButtonList id=RadioButtonList1 RepeatLayout="Flow" runat=server>
                    <asp:ListItem>MasterCard</asp:ListItem>
                    <asp:ListItem>Visa</asp:ListItem>
                </ASP:RadioButtonList>
              </td>
              <td align=middle rowspan=1>
                <asp:RequiredFieldValidator id="RequiredFieldValidator1"
                    ControlToValidate="RadioButtonList1"
                    ErrorMessage="Card Type. "
                    Display="Static"
                    InitialValue="" Width="100%" runat=server>
                    *
                </asp:RequiredFieldValidator>
              </td>
            </tr>
            <tr>
              <td align=right>
                <font face=Verdana size=2>Card Number:</font>
              </td>
```

```
<td>
   <ASP:TextBox id=TextBox1 runat=server />
</td>
<td>
   <asp:RequiredFieldValidator id="RequiredFieldValidator2"
       ControlToValidate="TextBox1"
       ErrorMessage="Card Number. "
       Display="Static"
       Width="100%" runat=server>
       *
   </asp:RequiredFieldValidator>

</td>
</tr>
<tr>
   <td align=right>
      <font face=Verdana size=2>Expiration Date:</font>
   </td>
   <td>
      <ASP:DropDownList id=DropDownList1 runat=server>
          <asp:ListItem></asp:ListItem>
          <asp:ListItem >06/00</asp:ListItem>
          <asp:ListItem >07/00</asp:ListItem>
          <asp:ListItem >08/00</asp:ListItem>
          <asp:ListItem >09/00</asp:ListItem>
          <asp:ListItem >10/00</asp:ListItem>
          <asp:ListItem >11/00</asp:ListItem>
          <asp:ListItem >01/01</asp:ListItem>
          <asp:ListItem >02/01</asp:ListItem>
          <asp:ListItem >03/01</asp:ListItem>
          <asp:ListItem >04/01</asp:ListItem>
          <asp:ListItem >05/01</asp:ListItem>
          <asp:ListItem >06/01</asp:ListItem>
          <asp:ListItem >07/01</asp:ListItem>
          <asp:ListItem >08/01</asp:ListItem>
          <asp:ListItem >09/01</asp:ListItem>
          <asp:ListItem >10/01</asp:ListItem>
          <asp:ListItem >11/01</asp:ListItem>
```

```
                    <asp:ListItem >12/01</asp:ListItem>
                  </ASP:DropDownList>
              </td>
              <td>
                  <asp:RequiredFieldValidator id="RequiredFieldValidator3"
                      ControlToValidate="DropDownList1"
                      ErrorMessage="Expiration Date. "
                      Display="Static"
                      InitialValue=""
                      Width="100%"
                      runat=server>
                          *
                  </asp:RequiredFieldValidator>
              </td>
              <td>
          </tr>
          <tr>
              <td></td>
              <td>
                  <ASP:Button id=Button1 text="有效性验证" runat=server />
              </td>
              <td></td>
          </tr>
        </table>
    </td>
    <td valign=top>
        <table cellpadding=20><tr><td>
        <asp:ValidationSummary ID="valSum" runat="server"
            HeaderText="You must enter a value in the following fields:"
            Font-Name="verdana"
            Font-Size="12"
            />
        </td></tr></table>
    </td>
  </tr>
</table>
<font face="verdana" size="-1">Select the type of validation summary display you wish: </font>
```

```
<asp:DropDownList id="ListFormat" AutoPostBack=true
OnSelectedIndexChanged="ListFormat_SelectedIndexChanged" runat=server >

    <asp:ListItem>List</asp:ListItem>
    <asp:ListItem selected>Bulleted List</asp:ListItem>
    <asp:ListItem>Single Paragraph</asp:ListItem>
</asp:DropDownList>

</form>

</body>
</html>
```

程序运行结果如图 4-10 所示。

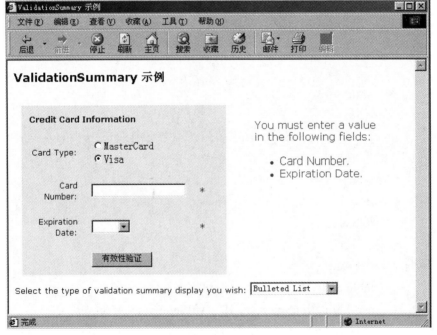

图 4-10　运行结果

4.9　使用 Panel 控件

我们在进行用户信息录入的时候，如果使用 ASP 程序通常需要 3 个网页：
（1）进行用户身份检查。
（2）填写相关的内容。
（3）显示填写的内容。
填写的流程如图 4-11 所示。

图 4-11　填写流程

我们将分别设计 3 个网页，这样会显得很麻烦。但是，如果我们使用 ASP.NET 中的 Panel 控件，在一个页面中即可实现上述的功能。

具体流程如图 4-12 所示。

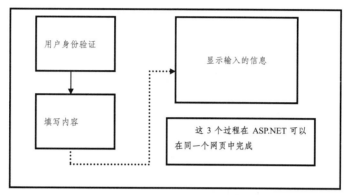

图 4-12　使用 Panel 控件的填写流程

panel.aspx 文件的代码如下：

```
<!--源文件：form\ServerControl\panel.aspx-->
<Html>
<Body bgcolor="White">
<center><H3>使用 Panel 控件示例<Hr></H3></center>
<title>使用 Panel 控件示例</title>
<script Language="VB" runat="server">
  Sub Page_Load(sender As Object, e As EventArgs)
    If Not Page.IsPostBack Then
        panel2.Visible = False
        panel3.Visible = False
    End If
  End Sub
  Sub Button1_Click(sender As Object, e As EventArgs)
      panel1.Visible = False
      panel2.Visible = True
  End Sub

  Sub Button2_Click(sender As Object, e As EventArgs)
      panel2.Visible = False
```

```
        panel3.Visible = True
        Span1.InnerHtml   = "用户名：" & UserID.Text & "<BR>"
        Span1.InnerHtml &= "密码：" & Password.Text & "<BR>"
        Span1.InnerHtml &= "姓名：" & Name.Text & "<BR>"
        Span1.InnerHtml &= "电话：" & Tel.Text & "<BR>"
        Span1.InnerHtml &= "E-mail: " & mail.Text & "<BR>"
        Span1.InnerHtml &= "地址：" & Addr.Text & "<P>"

End Sub
Sub Button3_Click(sender As Object, e As EventArgs)
        Span1.InnerHtml &= "输入完成！"
        Button3.Visible = False
End Sub
</script>
<Form runat="server">
<center>
<asp:Panel id="panel1" runat="server">
  <Font Color="#800000"><B>第一步：请输入用户名和密码</B></Font><Blockquote>
      用户名：<asp:TextBox id="UserID" runat="server" Text="kjwang"/><p>
       密码：<asp:TextBox id="Password" TextMode="Password"
             Text="kj6688" runat="server"/><p>
          <Input Type="Button" id="Button1" value=" 登录 "
              OnServerClick="Button1_Click" runat="server">
</Blockquote>
</asp:Panel>
<asp:Panel id="panel2" runat="server">
<Font Color="#800000"><B>第二步：请输入用户信息</B></Font><Blockquote>
       姓名：<asp:TextBox id="Name" runat="server" Text="小李"/><p>
       电话：<asp:TextBox id="Tel" runat="server" Text="(023)65355678" /><p>
       E-mail：<asp:TextBox id="mail" runat="server" Text="jimmy.zh@263.net" /><p>
       地址：<asp:TextBox id="Addr" runat="server" Text="重庆市人民路115#" Size="40" /><p>
          <Input Type="Button" id="Button2" value="申请"
              OnServerClick="Button2_Click" runat="server">
</Blockquote>
</asp:Panel>
  <asp:Panel id="panel3" runat="server">
<Font Color="#800000"><B>第三步：请确认你的输入</B></Font><Blockquote>
    <Span id="Span1" runat="server"/>
```

```
            <Input Type="Button" id="Button3" value=" 确认 "
                OnServerClick="Button3_Click" runat="server">
</Blockquote>
</asp:Panel>
</center>
</form>
<Hr></body>
</html>
```

程序的运行效果如图 4-13 所示。

（a）第一步

（b）第二步

(c) 第三步

图 4-13 运行效果

这时可以留意浏览器的地址栏，地址都是相同的。这就是我们使用 Panel 控件得到的效果。

4.10 选择控件

选择的方式有两种：单选、多选。我们下面用具体的例子来说明这两种选择控件在 ASP.NET 上实现的效果。

对单选控件，ASP.NET 里面有一个专用的表示：RadioButtonList，我们看下面的代码：

```
<!--列出选择内容-->
<ASP:RadioButtonList id=ccType Font-Name="Arial" RepeatLayout="Flow" runat=server>
<asp:ListItem>招行一卡通</asp:ListItem>
     <asp:ListItem>牡丹卡</asp:ListItem>
</ASP:RadioButtonList>
```

我们在取值的时候，就可以用一个语句：

```
Request.QueryString("ccType")
```

来取得这个值。下面是完整的代码（RadioButtonList.aspx）：

```
<!--源文件：form\ServerControl\RadioButtonList.aspx-->
<html>
<body>
<center>
<br><br>
    <h3><font face="Verdana">.NET->选择控件!</font></h3>
<br><br><br>
```

110

```
    </center>
      <form method=post runat=server>
      <hr width=600 size=1 noshade>

      <center>
      <asp:ValidationSummary ID="valSum" runat="server"
          HeaderText="你必须填写下面的内容:"
          DisplayMode="SingleParagraph"
          Font-Name="verdana"
          Font-Size="12"
          />
      <p>
      <!-- 信用卡信息 -->
      <table border=0 width=600>
      <tr>
        <td colspan=3>
        <center>
        <font face=Arial size=2><b>信用卡信息</b></font>
        </center>
        </td>
      </tr>
      <tr>
        <td align=right>
          <font face=Arial size=2>信用卡类型:</font>
        </td>
        <td>
      <!--列出选择内容-->
          <ASP:RadioButtonList id=ccType Font-Name="Arial" RepeatLayout="Flow" runat=server>
            <asp:ListItem>招行一卡通</asp:ListItem>
            <asp:ListItem>牡丹卡</asp:ListItem>
          </ASP:RadioButtonList>
        </td>
        <td>
          <asp:RequiredFieldValidator id="ccTypeReqVal"
            ControlToValidate="ccType"
            ErrorMessage="信用卡类型."
            Display="Static"
            InitialValue=""
```

```
                    Font-Name="Verdana" Font-Size="12"
                    runat=server>
                    *
                </asp:RequiredFieldValidator>
            </td>
        </tr>
    </table>
    <p>
    <input runat="server" type=submit value="提交">
    <p>
    <hr width=600 size=1 noshade>
</form>
</center>
</body>
</html>
```

程序运行效果如图 4-14 所示。

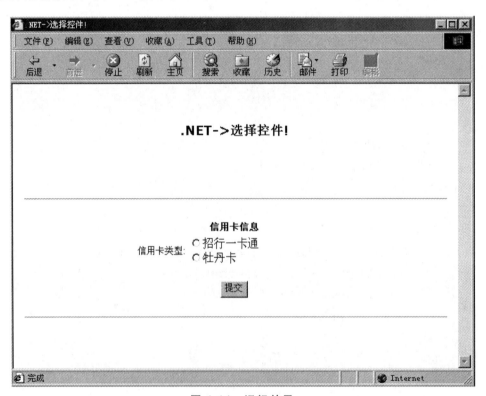

图 4-14　运行效果

我们选择一个选项并提交，则会提交成功；反之，如果我们未选择选项就提交，会出现如图 4-15 所示的信息。

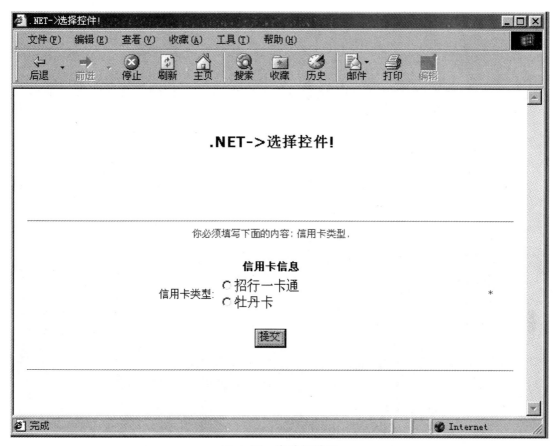

图 4-15 未选择选项

我们再来看看多选的情况:

```
//选择项列表
<asp:CheckBoxList id=Check1 runat="server">
    <asp:ListItem>北京</asp:ListItem>
    <asp:ListItem>深圳</asp:ListItem>
    <asp:ListItem>上海</asp:ListItem>
    <asp:ListItem>广州</asp:ListItem>
    <asp:ListItem>南宁</asp:ListItem>
    <asp:ListItem>重庆</asp:ListItem>
</asp:CheckBoxList>
```

跟上面的单选控件就相差在定义上,我们用 CheckBoxList 来描述选择框,写一个方法来响应我们的"提交"事件:

```
//响应按钮事件
Sub Button1_Click(sender As Object, e As EventArgs)
    Dim s As String = "被选择的选项是:<br>"
    Dim i As Int32
```

```
            For i = 0 to Check1.Items.Count-1
                If Check1.Items(i).Selected Then
                //列出选择项
                s = s & Check1.Items(i).Text
                s = s & "<br>"
                End If
            Next
            //打印出选择项
            Label1.Text = s
```
End Sub

这个方法为定义打印被选择的选项。具体的内容（list.aspx）如下：

```
<!--源文件：form\ServerControl\list.aspx-->
    <html>
<head>
    <script language="VB" runat="server">
        //响应按钮事件
        Sub Button1_Click(sender As Object, e As EventArgs)
            Dim s As String = "被选择的选项是:<br>"
            Dim i As Int32
            For i = 0 to Check1.Items.Count-1
                If Check1.Items(i).Selected Then
                    //列出选择项
                    s = s & Check1.Items(i).Text
                    s = s & "<br>"
                End If
            Next
            //打印出选择项
            Label1.Text = s
        End Sub
    </script>
</head>
<body bgcolor="#ccccff">
<br><br><br>
<center>
    <h3><font face="Verdana">.NET->CheckBoxList</font></h3>
</center>
<br><br>
<center>
```

```
<form runat=server>
'选择项列表
    <asp:CheckBoxList id=Check1 runat="server">
        <asp:ListItem>北京</asp:ListItem>
        <asp:ListItem>深圳</asp:ListItem>
        <asp:ListItem>上海</asp:ListItem>
        <asp:ListItem>广州</asp:ListItem>
        <asp:ListItem>南宁</asp:ListItem>
        <asp:ListItem>重庆</asp:ListItem>
    </asp:CheckBoxList>
    <p>
        <asp:Button id=Button1 Text="提交" onclick="Button1_Click" runat="server"/>
    <p>
        <asp:Label id=Label1 font-name="Verdana" font-size="8pt" runat="server"/>
</form>
</center>
</body>
</html>
```

程序运行效果如图 4-16 所示。

图 4-16　运行效果

选择几个选项，并点击"提交"按钮，得到的结果如图 4-17 所示。

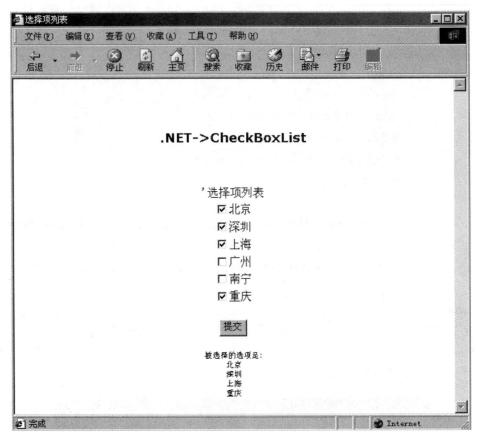

图 4-17　结果

4.11　ImageButton 控件

我们在浏览网页时，可能会发现这样一种情况：当鼠标移到图像按钮上和当鼠标移走的时候，同一按钮上将会显示不同的两个图片。这种效果可以使用 Image Button 控件的 OnMouseOut 和 OnMouseOver 事件来实现。

请看 Image.aspx 中的代码：

```
<!--源文件：form\ServerControl\image.aspx-->
<html>
<Body BgColor="White">
<center><H3>ImageButton 控件演示</H3></center>
<title>ImageButton 控件演示</title>
<script Language="VB" runat="server">
Sub Button1_Click(sender As Object, e As ImageClickEventArgs)
//定义当我们点击按钮时将访问的网页
```

```
Page.Navigate( "http://www.yesky.com" )
End Sub
</script>
<Form runat="server">
<center>
<asp:ImageButton OnClick="Button1_Click"
ImageUrl="18.gif" id="Button1" runat="server"
OnMouseOut="this.src='18.gif';"
OnMouseOver="this.src='18.gif';" />
</center>
</Form>
<asp:Label id="Label1" runat="server"/>
</Body>
</Html>
```

程序的演示效果如图 4-18 所示。

图 4-18 演示效果

将鼠标移动到按钮上时，显示效果如图 4-19 所示。

图 4-19 显示效果

4.12 列表控件

在 ASP.NET 中，有几种方法可以应用于列表控件。我们可以在 aspx 代码中直接嵌入相关的代码，也可以在页面装入的时候加载这些列表信息。

下面是具体的应用，先看看在 aspx 代码中直接嵌入相关代码的方法：

```
<!--列表->列出内容-->
    <asp:DropDownList id=DropDown1 runat="server">
        <asp:ListItem>北京</asp:ListItem>
        <asp:ListItem>深圳</asp:ListItem>
        <asp:ListItem>上海</asp:ListItem>
        <asp:ListItem>广州</asp:ListItem>
        <asp:ListItem>南宁</asp:ListItem>
        <asp:ListItem>重庆</asp:ListItem>
    </asp:DropDownList>
```

在需要取出所选的数据时，直接去取 ID 值，即 DropDown1；再定一个方法响应"提交"按钮的事件就可以了。下面是完整的代码（DropDown.aspx）：

```
<!--源文件：form\ServerControl\dropdown.aspx-->
<html>
<head>

    <script language="VB" runat="server">

    //在点击按钮时响应
        Sub list_Click(sender As Object, e As EventArgs)
            Label1.Text="你的选择是：" + DropDown1.SelectedItem.Text
        End Sub

    </script>

</head>
<body bgcolor="#ccccff">
<br><br><br>
<center>
    <h3><font face="Verdana">.NET->列表控件</font></h3>
</center>
<br><br>
<center>
    <form runat=server>
```

```
        <!--列表->列出内容-->
            <asp:DropDownList id=DropDown1 runat="server">
                <asp:ListItem>北京</asp:ListItem>
                <asp:ListItem>深圳</asp:ListItem>
                <asp:ListItem>上海</asp:ListItem>
                <asp:ListItem>广州</asp:ListItem>
                <asp:ListItem>南宁</asp:ListItem>
                <asp:ListItem>重庆</asp:ListItem>
            </asp:DropDownList>

            <asp:button text="提交" OnClick="list_Click" runat=server/>

            <p>

            <asp:Label id=Label1 font-name="Verdana" font-size="10pt" runat="server">

            </asp:Label>

        </form>
    </center>
</body>
</html>
```
程序运行效果如图 4-20 所示。

图 4-20 运行效果

点击"提交"按钮时会出现如图 4-21 所示的效果。

图 4-21　你的选择是：北京

下面我们再来学习另外一个列表控件的使用。我们定义了一个在页面装载时调用的方法：

```vb
Sub Page_Load(sender As Object, e As EventArgs)
    If Not IsPostBack Then
        Dim values as ArrayList= new ArrayList()
        values.Add ("北京")
        values.Add ("深圳")
        values.Add ("上海")
        values.Add ("广州")
        values.Add ("南宁")
        values.Add ("重庆")
        //设定 DropDown1 的数据源为 values，即上面定义的信息
        DropDown1.DataSource = values
        //数据的绑定
        DropDown1.DataBind
    End If
End Sub
```

在 aspx 代码中调用它：

```
<!--列出列表信息-->
<asp:DropDownList id="DropDown1" runat="server" />
```

就这样一个简单的语句就可以了，下面是这个文件的完整代码：

```html
<html>
<head>


    <script language="VB" runat="server">
```

```
//在页面装载时调用的方法
    Sub Page_Load(sender As Object, e As EventArgs)

        If Not IsPostBack Then
            Dim values as ArrayList= new ArrayList()
            values.Add ("北京")
            values.Add ("深圳")
            values.Add ("上海")
            values.Add ("广州")
            values.Add ("南宁")
            values.Add ("重庆")
        //设定 DropDown1 的数据源为 values，即上面定义的信息
            DropDown1.DataSource = values
        //数据的绑定
            DropDown1.DataBind
        End If
    End Sub

//提交按钮响应的方法
    Sub select02_Click(sender As Object, e As EventArgs)
        Label1.Text = "你的选择是："+ DropDown1.SelectedItem.Text
    End Sub

</script>

</head>
<body BGCOLOR="#CCCCFF">

<br><br><br>
<center>
    <h3><font face="Verdana">.NET->列表控件</font></h3>
</center>
<br><br>
<center>
    <form runat=server>

    <!--列出列表信息-->
        <asp:DropDownList id="DropDown1" runat="server" />
```

```
            <asp:button Text="提交" OnClick="select02_Click" runat=server/>
            <p>
            <asp:Label id=Label1 font-name="Verdana" font-size="10pt" runat="server" />

      </form>
  </center>
  </body>
  </html>
```

程序运行效果与图 4-20 所示的效果相同。

4.13 重复列表 Repeator

这种服务器控件会以给定的形式重复显示数据项目，故称之为重复列表。使用重复列表有两个要素，即数据的来源和数据的表现形式。数据来源的指定由控件的 DataSource 属性决定，并调用方法 DataBind 绑定到控件上。这里需要说明的是，数据取出以后如何表现的问题，即如何布局。重复列表的数据布局是由给定的模板来决定的，由于重复列表没有默认的模板，所以使用重复列表时至少要定义一个最基本的模板"ItemTemplate"。

重复列表支持以下模板标识，所谓模板就是预先定义的一种表现形式，以后我们还会就这个问题专门讨论，这里就不再多说。

（1）ItemTemplate 模板：数据项模板（必需的模板），定义了数据项及其表现形式。

（2）AlternatingItemTemplate 模板：数据项交替模板，为了使相邻的数据项能够有所区别，可以定义交替模板，它使得相邻的数据项看起来明显不同，默认情况下，它和 ItemTemplate 模板定义一致，即默认情况下相邻数据项无表示区分。

（3）SeparatorTemplate 模板：分割符模板，定义数据项之间的分割符。

（4）HeaderTemplate 模板：报头定义模板，定义重复列表的表头表现形式。

（5）FooterTemplate 模板：表尾定义模板，定义重复列表的尾部表现形式。

切记，由于缺乏内置的预定义模板和风格，在使用重复列表时，一定要使用 HTML 格式定义自己的模板。

下面给出一个例子，看它是如何使用重复列表控件的。首先在页面加载过程时把数据装载，并绑定到两个重复列表上，然后以一个 2 列的表格显示，最后把所有数据显示到一行上面，并且省份和首府之间以 3 个中横线分隔，每一省份之间以竖划线分隔。

1. 源代码(FormRepeater.aspx)

```
<!--源文件：form\ServerControl\FormRepeater.aspx-->
<html>
  <head>
    <script language="vb" runat=server>
```

```
Class Leader
//定义一个类 Leader
dim strCountry as String
dim strName as String

Public Sub New(country As String, name As String)
        MyBase.New
        strName = name
        strCountry= country
    End Sub

    ReadOnly Property Name As String
      Get
        Return strName
      End Get
    End Property

    ReadOnly Property Country As String
      Get
        Return strCountry
      End Get
    End Property

  End Class

sub Page_Load(s as object,e as eventargs)
   dim leaders as ArrayList = New ArrayList()
   if Not Page.IsPostBack
   //加载数据
       leaders.add(new leader("陕   西","西   安"))
       leaders.add(new leader("黑龙江","哈尔滨"))
       leaders.add(new leader("广   东","广   州"))

       Repeater1.DataSource=leaders
       Repeater2.DataSource=leaders
       Repeater1.DataBind
       Repeater2.DataBind
```

```
        end if
      end sub
  </script>
  <title>
      重复列表使用例子
  </title>
</head>

  <center>
    <h2>重复列表的使用</h2>
    <hr>
    <br>
      //以表格形式显示省份,首府信息
    <asp:Repeater id="Repeater1" runat=server>
          //定义表头
    <template name=HeaderTemplate>
          <table border=2>
            <tr>
              <th>
              省份名
              </th>
              <th>
              首府名
              </th>
            </tr>
    </template>

          //定义数据显示格式
    <template name=ItemTemplate>
      <tr>
        <td>
        <%# DataBinder.Eval(Container.DataItem,"Country") %>
        </td>
        <td>
        <%# DataBinder.Eval(Container.DataItem,"Name") %>
        </td>
      </tr>
    </template>
```

```
            //定义表尾
            <template name=FooterTemplate>
              <tr>
                <td>日期</td>
                <td>2001 年</td>
              </tr>
            </table>
          </template>
    </asp:Repeater>

    <br>
    <asp:Repeater id=Repeater2 runat=server>
        //省份和首府以|分割显示
        <template name=ItemTemplate>
            <%# DataBinder.Eval(Container.DataItem,"Country") %>
            ---
            <%# DataBinder.Eval(Container.DataItem,"Name") %>
        </template>

        <template name=SeparatorTemplate>
            |
        </template>
    </asp:Repeater>
  </center>
 </body>
<html>
```

2. 输出结果

图 4-22 输出结果

4.14 数据列表 DataList

数据列表显示与重复列表（Repeator）比较类似，但是它可以选择和修改数据项的内容。数据列表的数据显示和布局也和重复列表一样，都是通过"模板"来控制的。同样地，模板至少要定义一个"数据项模板"（ItemTemplate）来指定显示布局。数据列表支持的模板类型更多，具体如下：

（1）ItemTemplate 模板：数据项模板（必需的模板），定义了数据项及其表现形式。

（2）AlternatingItemTemplate 模板：数据项交替模板，为了使相邻的数据项能够有所区别，可以定义交替模板，它使得相邻的数据项看起来明显不同，默认情况下，它和 ItemTemplate 模板定义一致，即默认情况下相邻数据项无表示区分。

（3）SeparatorTemplate 模板：分割符模板，定义数据项之间的分割符。

（4）SelectedItemTemplate 模板：选中项模板，定义被选择的数据项的表现内容与布局形式，当未定义 SelectedItemTemplate 模板时，选中项的表现内容与形式无特殊化，由 ItemTemplate 模板定义所决定。

（5）EditItemTemplate 模板：修改选项模板，定义即将被修改的数据项的显示内容与布局形式，默认情况下，修改选项模板就是数据项模板（ItemTemplate）的定义。

（6）HeaderTemplate 模板：报头定义模板，定义重复列表的表头表现形式。

（7）FooterTemplate 模板：表尾定义模板，定义重复列表的尾部表现形式。

数据列表还可以通过风格形式来定义模板的字体、颜色、边框。每一种模板都有自己的风格属性。例如，可以通过设置修改选项模板的风格属性来指定它的风格。

此外，还有一些其他属性可以导致数据列表的显示有较大的改变，下面择重说明。

RepeatLayout：显示布局格式，指定是否以表格形式显示内容。

RepeatLayout.Table：指定布局以表格形式显示。

RepeatLayout.Flow：指定布局以流格式显示，即不加边框。

RepeatDirection：显示方向，指定显示是横向显示还是纵向显示。

RepeatDirection.Horizontal：指定是横向显示。

RepeatDirection.Vertical：指定是纵向显示。

RepeatColumns：指定一行可以显示的列数，默认情况下，系统设置为一行显示一列。这里需要注意的是，当显示方向不同时，虽然一行显示的列数不变，但显示的布局和显示内容的排列次序却有可能大不相同。

例如：有 10 个数据需要显示，RepeatColumns 设定为 4，即 1 行显示 4 列。

当 RepeatDirection=RepeatDirection.Horizontal 横向显示时，显示布局如下：

```
Item1   Item2   Item3   Item4
Item5   Item6   Item7   Item8
Item8   Item10
```

当 RepeatDirection=RepeatDirection.Vertical 纵向显示时，显示布局如下：

```
Item1   Item4   Item7   Item10
Item2   Item5   Item8
Item3   Item6   Item8
```

BorderWidth：当 RepeatLayout=RepeatLayout.Table 即以表格形式显示时，边框的线宽度 Unit.Pixel(x) x>=0,当 x 为 0 时，无边框。

GridLines: 当 RepeatLayout=RepeatLayout.Table 以表格形式显示时，在表格当中是否有网格线分离表格各单元。

GridLines=GridLines.Both：有横向和纵向两个方向的分割线。

GirdLines=GridLines.None：无论横向还是纵向均无分割线。

例子：演示以上介绍的各属性的设置对数据列表输出的影响，并且当数据项被选中时，数据项以粉红色来反显。

（1）源程序(DataList.aspx)

```
<!--源文件：form\ServerControl\dataList.aspx-->
<%@ Import Namespace="System.Data" %>
<html>
<script language="VB" runat="server">
//创建初始化表和载入实验数据
    Function LoadData() As ICollection
        Dim dt As DataTable
        Dim dr As DataRow
        Dim i As Integer
        //创建数据表
        dt = New DataTable
        //建立数据项结构
        dt.Columns.Add(New DataColumn("Content", GetType(String)))
        //载入 10 个实验数据
        For i = 1 To 10
            dr = dt.NewRow()
            dr(0) = "Info " & i.ToString()
            dt.Rows.Add(dr)
        Next
        //为数据表建立一个数据视图，并将其返回
        LoadData = New DataView(dt)
    End Function
    Sub Page_Load(s As Object, e As EventArgs)
        If Not IsPostBack Then
            DataList1.DataSource = LoadData()
            DataList1.DataBind
        End If
    End Sub
    Sub DataList1_ItemCommand(s As Object, e As DataListCommandEventArgs)
        Dim cmd As String = e.CommandSource.CommandName
        If cmd = "select" Then
```

```
                DataList1.SelectedIndex = e.Item.ItemIndex
            End If

            DataList1.DataSource = LoadData()
            DataList1.DataBind
        End Sub
//当刷新按钮按下后,对数据列表属性重新设置
        Sub RefreshBtn_Click(s As Object, e As EventArgs)
            If lstDirection.SelectedIndex = 0
                DataList1.RepeatDirection = RepeatDirection.Horizontal
            Else
                DataList1.RepeatDirection = RepeatDirection.Vertical
            End If

            If lstLayout.SelectedIndex = 0
                DataList1.RepeatLayout = RepeatLayout.Table
            Else
                DataList1.RepeatLayout = RepeatLayout.Flow
            End If
            If chkBorder.Checked And DataList1.RepeatLayout = RepeatLayout.Table Then
                DataList1.BorderWidth = Unit.Pixel(1)
            Else
                DataList1.BorderWidth = Unit.Pixel(0)
            End If

            If chkGridLines.Checked And DataList1.RepeatLayout = RepeatLayout.Table then
                DataList1.GridLines = GridLines.Both
            Else
                DataList1.GridLines = GridLines.None
            End If
            DataList1.RepeatColumns=lstColsPerLine.SelectedIndex + 1
        End Sub
</script>
<head>
<title>
数据列表实验
</title>
</head>
<body>
 <center>
```

```
<h2>
数据列表属性方法实验
</h2>
    <form runat=server>
    <font face="Verdana" size="-1">
        <asp:DataList id="DataList1" runat="server"
            BorderColor="black"
            CellPadding="3"
            Font-Name="Verdana"
            Font-Size="8pt"
            HeaderStyle-BackColor="#aaaadd"
            AlternatingItemStyle-BackColor="#ccccff"
            SelectedItemStyle-BackColor="#ffccff"
            OnItemCommand="DataList1_ItemCommand"
            >
            <template name="HeaderTemplate">
            <h><center>内容</center></h>
            </template>
            <template name="ItemTemplate">
              <asp:LinkButton id="DetailBtn" runat="server" Text="详细" CommandName="select" />
              <%# DataBinder.Eval(Container.DataItem, "Content") %>
            </template>
            <template name="SelectedItemTemplate">
              <%# DataBinder.Eval(Container.DataItem, "Content") %>已经被选中
            </template>
        </asp:DataList>
        <p>
        <hr>
        显示方向:
        <asp:DropDownList id=lstDirection runat="server">
            <asp:ListItem>横向</asp:ListItem>
            <asp:ListItem>纵向</asp:ListItem>
        </asp:DropDownList>
        布局类型:
        <asp:DropDownList id=lstLayout runat="server">
            <asp:ListItem>表方式</asp:ListItem>
            <asp:ListItem>流方式</asp:ListItem>
        </asp:DropDownList>
        一行列数:
```

```
            <asp:DropDownList id=lstColsPerLine runat="server">
                <asp:ListItem>1 列</asp:ListItem>
                <asp:ListItem>2 列</asp:ListItem>
                <asp:ListItem>3 列</asp:ListItem>
                <asp:ListItem>4 列</asp:ListItem>
                <asp:ListItem>5 列</asp:ListItem>
            </asp:DropDownList>
        边框显示：
        <asp:CheckBox id=chkBorder runat="server" />
        网格显示：
        <asp:CheckBox id=chkGridLines runat="server" />
        <p>

        <asp:Button id=RefreshBtn Text="刷新界面" OnClick="RefreshBtn_Click" runat=
"server"/>

        </font>
        </form>
    </center>
  </body>
</html>
```

（2）开始时的界面显示如图 4-23 所示（显示方向为"横向"，布局类型为"表方式"，一行列数为"1 列"，无边框，无网格显示）。

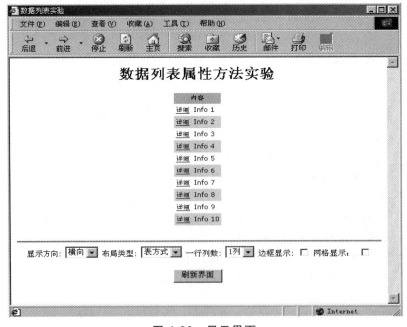

图 4-23 显示界面

（3）当选择显示方向为"横向"，布局类型为"表方式"，一行列数为"5列"，有边框显示和网格显示时，界面显示如图4-24所示。

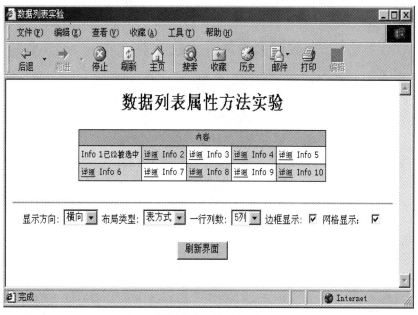

图4-24　显示界面

（4）当选择显示方向为"纵向"，布局类型为"表方式"，一行列数为"5列"，无边框显示和无网格显示时，界面显示如图4-25所示。

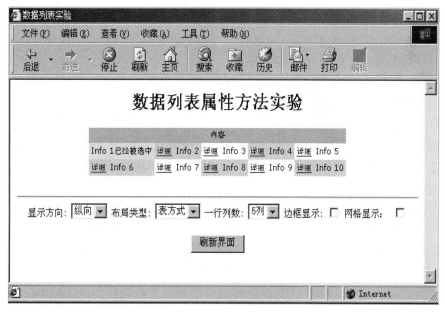

图4-25　显示界面

（5）当在步骤（4）的基础上选择了第5项数据项时，界面显示如图4-26所示。

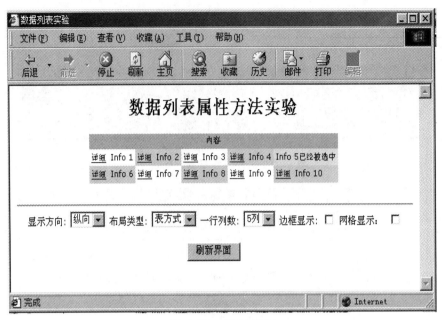

图 4-26 显示界面

接下来，讨论一种比较有实际意义的应用，即对选中数据项的修改的实现。

首先是对模板 EditItemTemplate 的定义，通常做法是排列可以进行修改的内容，然后定义一个修改确认键和一个修改取消键。

然后应定义数据列表支持的 3 种消息处理函数即 OnEditCommand、OnUpdateCommand、OnCancelCommand（编辑事件处理、修改事件处理、撤消修改事件处理）。

编辑事件处理：通常设置数据列表的 EditItemIndex 属性为选中的数据项索引，然后重载数据列表。

```
Protected Sub DataList_EditCommand(Source As Object, e As DataListCommandEventArgs)
    DataList1.EditItemIndex = CType(e.Item.ItemIndex, Integer)
    //重新加载并绑定数据
    BindList()
End Sub
```

取消修改事件处理：通常设置数据列表的 EditItemIndex 为-1，表示没有数据项需要修改，然后重载数据列表。

```
Protected Sub DataList_CancelCommand(Source As Object, e As DataListCommandEventArgs)
    DataList1.EditItemIndex = -1
    BindList()
End Sub
```

修改事件处理：通常先修改数据源的数据，然后设置数据列表的 EditItemIndex 为-1，最后重载数据列表。

```
Sub DataList_UpdateCommand(Source As Object, e As DataListCommandEventArgs)
//修改数据源数据，应根据具体情况而变
```

```
ModifySource()
DataList.EditItemIndex=-1
BindList
End Sub
```

例子：显示一个关于书籍修改的实例。一条书籍记录包含序号、书名、价格信息。初始化数据时，设置序号为1~6，书名为"书名"+序号，价格为1.11*序号。

（1）源程序（FormDataList01.aspx）

```
<<!--源文件：form\ServerControl\FormDataList01.aspx-->
<%@ Import Namespace="System.Data" %>
<html>
    <script language="VB" runat="server">
    dim Book As DataTable
    dim BookView As DataView
    //设置数据源，并绑定
    Sub BindList()
        DataList1.DataSource= BookView
        DataList1.DataBind
    End Sub

    Sub Page_Load(s As Object, e As EventArgs)

        Dim dr As DataRow
    //如果没有连接变量 session_book，定义数据表 Book,并载入实验数据
    if session("session_Book") = Nothing then
        Book = New DataTable()
        Book.Columns.Add(new DataColumn("num", GetType(string)))
        Book.Columns.Add(new DataColumn("name", GetType(String)))
        Book.Columns.Add(new DataColumn("price", GetType(String)))
        session("session_Book") = Book
        //载入部分测试数据
        For i = 1 To 6
            dr = Book.NewRow()
            dr(0)=i.ToString
            dr(1) = "书名 " & i.ToString
            dr(2) = ( 1.11* i).ToString
            Book.Rows.Add(dr)
        Next
    //有 session_book 变量，直接引用
```

```
            Else
                Book = session("session_Book")
            end if
        //产生数据视图，并按 num 字段排序
        BookView = New DataView(Book)
        BookView.Sort="num"
        //初次需绑定数据源
        if Not IsPostBack then
            BindList
        End If

End Sub


//编辑处理函数
Sub DataList_EditCommand(sender As Object, e As DataListCommandEventArgs)
        DataList1.EditItemIndex = e.Item.ItemIndex
        BindList
End Sub
//取消处理函数
Sub DataList_CancelCommand(sender As Object, e As DataListCommandEventArgs)
        DataList1.EditItemIndex = -1
        BindList
End Sub
//更新处理函数
Sub DataList_UpdateCommand(sender As Object, e As DataListCommandEventArgs)
        Dim lbl1 As Label = e.Item.FindControl("lblNum")
        Dim txt2 As TextBox = e.Item.FindControl("txtBook")
        Dim txt3 As TextBox = e.Item.FindControl("txtPrice")

        dim strNum as String
        dim strBook as String
        dim strPrice as String

        strNum=lbl1.text
        strBook=txt2.text
        strPrice=txt3.text
        //用先删除再插入的方式，实现数据的更新操作
        BookView.RowFilter = "num='" & strNum & "'"
```

```
            If BookView.Count > 0 Then
                BookView.Delete(0)
            End If

            BookView.RowFilter = ""
            dim dr as DataRow=Book.NewRow()
            dr(0) = strNum
            dr(1) = strBook
            dr(2) = strPrice
            Book.Rows.Add(dr)

            DataList1.EditItemIndex = -1
            BindList
        End Sub

    </script>
<head>
<title>
数据列表修改实验
</title>
</head>
<body>
<center>
    <h2>数据列表修改实验</h2>
    <hr>
    <p></p>

    <form runat=server>
    <font face="Verdana" size="-1">
        <!--编辑时显示绿色,并定义编辑、修改、取消时的处理函数-->
        <asp:DataList id="DataList1" runat="server"
            BorderColor="black"
            BorderWidth="1"
            GridLines="Both"
            CellPadding="3"
            CellSpacing="0"
            Font-Name="Verdana"
            Font-Size="8pt"
```

```
                Width="150px"
                HeaderStyle-BackColor="#aaaadd"
                AlternatingItemStyle-BackColor="Gainsboro"
                EditItemStyle-BackColor="green"
                OnEditCommand="DataList_EditCommand"
                OnUpdateCommand="DataList_UpdateCommand"
                OnCancelCommand="DataList_CancelCommand"
                >
                    <template name="HeaderTemplate">
                    <center><h>书籍序号</h></center>
                    </template>
                    <template name="ItemTemplate">
                        <asp:LinkButton id="button1" runat="server" Text="详细" CommandName="edit" />
                        <%# Container.DataItem("name")  %>
                    </template>
                    <template name="EditItemTemplate">
                        书籍：序号
                        <asp:Label id="lblNum" runat="server" Text='<%# Container.DataItem("num") %>' /><br>
                        书名：
                        <asp:TextBox id="txtBook" runat="server" Text='<%# Container.DataItem("name") %>' /><br>
                        价格：
                        <asp:TextBox id="txtPrice" runat="server" Text='<%# DataBinder.Eval(Container.DataItem, "price") %>' />
                        <br>
            <center>
                        <asp:Button id="button2" runat="server" Text="修改" CommandName="update" />
                        <asp:Button id="button3" runat="server" Text="撤销" CommandName="cancel" />
                    </center>
                    </template>
            </asp:DataList>
        </font>
        </form>
    </center>
```

</body>
</html>

（2）准备对第 2 项进行修改，此时的显示界面如图 4-27 所示。

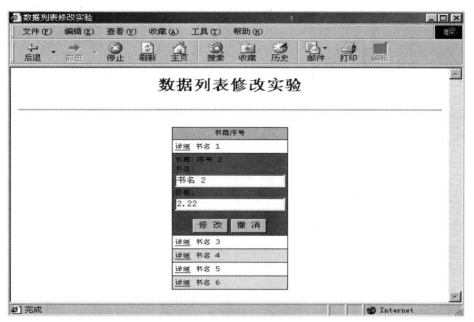

图 4-27　显示画面

（3）把序号为 2 的书籍的价格改为 8.88 以后，重新进入其编辑状态后，它的输出界面如图 4-28 所示。

图 4-28　显示界面

4.15 数据表格 DataGrid

数据表格服务器端控件以表格形式显示数据内容，同时还支持数据项的选择、排序、分页和修改。默认情况下，数据表格为数据源中每一个域绑定一个列，并且根据数据源中每一个域中数据的出现次序把数据填入数据表格中的每一个列中。数据源的域名将成为数据表格的列名，数据源的域值以文本标识形式填入数据表格中。

通过直接操作表格的 Columns 集合，可以控制数据表格各个列的次序、表现方式以及显示内容。默认的列为 Bound 型列，它以文本标识的形式显示数据内容。此外，还有许多类型的列类型可供用户选择。

列类型的定义有两种方式：显视的用户定义列类型和自动产生的列类型（AutoGenerateColumns）。当两种列类型定义方式一起使用时，先用用户定义列类型产生列的类型定义，接着剩下的再使用自动列定义规则产生出其他的列类型定义。注意：自动定义产生的列定义不会加入 Columns 集合。

列类型介绍：

（1）bound column：列可以进行排序和填入内容。这是大多数列默认的用法。两个重要的属性为：HeaderText 指定列的表头显示，DataField 指定对应数据源的域。

（2）hyperlink column：列内容以 hyperlink 控件方式表现出来。它主要用于从数据表格的一个数据项跳转到另外的一个页面，做出更详尽的解释或显示。重要的属性为：HeaderText 指定列表头的显示，DataNavigateUrlField 指定对应数据源的域作为跳转时的参数，DataNavigateUrlFormatString 指定跳转时的 url 格式，DataTextField 指定数据源的域作为显示列内容来源。

（3）button column：把一行数据的用户处理交给数据表格所定义的事件处理函数。通常用于对某一行数据进行某种操作，例如，加入一行或者是删去一行数据等。重要的属性为：HeaderText 指定列表头的显示，Text 指定按钮上显示的文字，CommandName 指定产生的激活命令名。

（4）Template column：列内容以自定义控件组成的模板方式显示出来。通常在用户需要自定义显示格式时使用。

（5）Edit Command column：当数据表格的数据项发生编辑、修改、取消修改时，相应处理函数的入口显示。它通常结合数据表格的 EditItemIndex 属性来使用，当某行数据需要编辑、修改、取消操作时，通过它进入相应的处理函数。例如，当需要对某行数据进行修改（update）时，通过它进入修改的处理步骤中。

其他重要列属性介绍：

（1）Visible 属性：控制定义的列是否出现在显示的数据列表中。

（2）AllowSorting 属性：是否可以进行列排序。当 AollowSorting=true 时，可以以点击列的列表头的方式，把数据以该列次序进行排序。默认（即载入数据后）的排序方式，实际上是以数据在数据源中的排列次序进行排序的。

（3）AllowPage 属性：是否以分页方式显示数据。当对有大量数据的数据源进行显示时，可以以例如 10 行一页的方式来显示数据，同时显示一个下页/前页的按钮，按下按钮可以以向前或向后的方式浏览整个数据源的数据。当 AllowPage=true 时，即以分页方式进行显示。可以通过设定 CurrentPageIndex 属性来直接跳转到相应的数据页。

例子：演示以上各种类型的列定义的用法。

（1）源程序（FormDataGrid.aspx）：

```
<!--源文件：form\ServerControl\FormDataGrid.aspx-->
<%@ Import Namespace="System.Data" %>

<html>
<script language="VB" runat="server">
    dim Order as DataTable
    dim OrderView as DataView

    //对数据表格1创建数据表，并返回数据视图
    Function LoadData() As ICollection

        Dim dt As DataTable
        Dim dr As DataRow
        Dim i As Integer

        //创建数据表
        dt = New DataTable
        dt.Columns.Add(New DataColumn("Num", GetType(Integer)))
        dt.Columns.Add(New DataColumn("Name", GetType(String)))
        dt.Columns.Add(New DataColumn("DtTm", GetType(DateTime)))
        dt.Columns.Add(New DataColumn("Assembly", GetType(Boolean)))
        dt.Columns.Add(new DataColumn("Price", GetType(Double)))

        //载入数据
        For i = 1 To 6
            dr = dt.NewRow()
            dr(0) = i
            dr(1) = "书名 " + i.ToString()
            dr(2) = DateTime.Now.ToShortTimeString
            If (i Mod 2 <> 0) Then
                dr(3) = True
            Else
                dr(3) = False
            End If
```

```
            dr(4) = 1.11 * i
            //把产生的数据加入数据表中
            dt.Rows.Add(dr)
        Next


        LoadData = New DataView(dt)

    End Function

//页面初始化，分别对 DataGrid1 和 DataGrid2 绑定数据源
Sub Page_Load(sender As Object, e As EventArgs)

        If Session("session_order") = Nothing Then
            Order = New DataTable()
            Order.Columns.Add(new DataColumn("Name", GetType(string)))
            Order.Columns.Add(new DataColumn("Price", GetType(string)))
            Session("session_order") = Order
        Else
            Order = Session("session_order")
        End If
        OrderView = New DataView(Order)
        DataGrid2.DataSource = OrderView
        DataGrid2.DataBind

        If Not IsPostBack Then
        DataGrid1.DataSource = LoadData()
        DataGrid1.DataBind
        End If

    End Sub

//对 ButtonColumns 的处理函数集合
Sub Grid_Command(sender As Object, e As DataGridCommandEventArgs)

        Dim dr As DataRow = order.NewRow()

        Dim Cell1 As TableCell = e.Item.Cells(3)
```

```vb
            Dim Cell2 As TableCell = e.Item.Cells(6)
            Dim name As String = Cell1.Text
            Dim price As String = Cell2.Text

            If e.CommandSource.CommandName = "Add" Then
                dr(0) = name
                dr(1) = price
                order.Rows.Add(dr)
            Else
                OrderView.RowFilter = "name='" & name & "'"
                If OrderView.Count > 0 Then
                    OrderView.Delete(0)
                End If
                OrderView.RowFilter = ""
            End If
            DataGrid2.DataBind()
        End Sub

</script>
<head>
<title>
数据表格实验
</title>
</head>

<body>
<center>
  <h2>数据表格列类型实验</h2>
  <hr>
  <p></p>

    <form runat=server>
      <h3><b>图书清单</b></h3>
      <ASP:DataGrid id="DataGrid1" runat="server"
        BorderColor="black"
        BorderWidth="1"
        GridLines="Both"
        CellPadding="3"
```

```
            CellSpacing="0"
            Font-Name="Verdana"
            Font-Size="8pt"
            HeaderStyle-BackColor="#aaaadd"
            AutoGenerateColumns="false"
            OnItemCommand="Grid_Command">
              <property name="Columns">
                <!-- 2 个 ButtonColumn 示例-->
                <asp:ButtonColumn HeaderText="操作" Text="订购" CommandName="Add" />
                <asp:ButtonColumn HeaderText="操作" Text="退订" CommandName="Remove" />
                <!-- HyperLinkColumn 示例 -->
            <asp:HyperLinkColumn
                    HeaderText="链接"
                    DataNavigateUrlField="Num"
                    DataNavigateUrlFormatString="FormDataGrid01.aspx?id={0}"
                    DataTextField="Num"
                    Target="_new"
            />
                <!-- 2 个标准 BoundColumn 示例 -->
                <asp:BoundColumn HeaderText="书 名" DataField="Name" />
                <asp:BoundColumn HeaderText="入库时间" DataField="DtTm"/>
                <!-- 1 个 TemplateColumn 示例,以 CheckBox 来表示布尔型数据 -->
                <asp:TemplateColumn HeaderText="合 集">
                    <template name="ItemTemplate">
                        <asp:CheckBox ID=Chk1 Checked='<%# DataBinder.Eval
(Container.DataItem, "Assembly") %>' Enabled="false" runat="server" />
                    </template>
                </asp:TemplateColumn>

                <asp:BoundColumn HeaderText="价 格" DataField="Price" DataFormatString=
"{0:c}" ItemStyle-HorizontalAlign="right" />
              </property>

        </asp:DataGrid>
      <hr>
      <h3><b>订购清单</b></h3>
      <ASP:DataGrid id="DataGrid2" runat="server"
```

```
            BorderColor="black"
            BorderWidth="1"
            CellPadding="3"
            Font-Name="Verdana"
            Font-Size="8pt"
            HeaderStyle-BackColor="#aaaadd"
            />

    </form>
</center>
</body>
</html>
```

文件 FormDataGrid01.aspx 的内容：

```
<!--源文件：form\ServerControl\FormDataGrid01.aspx-->
<html>
<head>
<title>
数据表格链接测试实验
</title>
<script language="VB" runat="server">

    Dim num As String

    Sub Page_Load(sender As Object, e As EventArgs)
        num=Request.QueryString("id")
    End Sub

</script>

</head>
<body bgcolor=#ccccff>
<center>
    <h2>数据表格链接测试结果画面</h2>
    <hr>
    <p></p>

    <h4>您选择的是  第<u> <%= num %></u>本藏书</h4>

</body>
</html>
```

（2）开始时显示界面如图 4-29 所示。

图 4-29　显示界面

（3）当选择订购了第 1 本和第 3 本后的界面如图 4-30 所示。

图 4-30　显示界面

（4）当选择退订第 3 本书后的界面如图 4-31 所示。

图 4-31 显示界面

（5）当点击连接第 6 项时的画面如图 4-32 所示。

图 4-32 显示界面

4.16 小 结

本章主要讲述了几个服务器端的控件及其校验、取值方法等，从中可以看到 ASP.NET 中各种控件的功能是非常强大的，如上面的例子所示，我们甚至可以用一个简单的语句就可以验证输入的合法性。对于取值，与用 HTML 所写的代码相对比，用 ASP.NET 所写的代码简单了很多。

第5章 自定义控件与HTML控件

ASP.NET中提供了增加内嵌服务器控件的功能,使得开发者能够多次轻松地增加自己所定义的各种控件。事实上,对于表单等各种控件,可以不用更改或者稍微更改一下就可以多次使用了。在通常情况下,我们把一个用作服务器控件的Web表单统称为用户控件,我们用一个.ascx为后缀的文件保存起来,这样使得它不被当作一个Web表单来运行,当我们在一个.aspx文件中使用它时,我们用Register方法来进行调用,假设我们有一个文件名为saidy.ascx的文件,我们可以用下面的语句来调用它:

```
<%@ Register TagPrefix="Acme" TagName="Message" Src="saidy.ascx" %>
```

上面的TagPrefix标记为用户控件确定一个唯一的名字空间;TagName为用户控件确定一个唯一的名称,也可以用其他的名字代替"Message";Src为确定所包含的文件名称和路径。这样,我们就可以用下面的语句来调用它了:

```
<Acme:Message runat="server"/>
```

5.1 代码和模板的分离

在编制ASP.NET程序时,我们会使用模板(Template)。那么什么是模板呢?相信大家都使用过Word,当我们在新建一个Word文件的时候,我们可以建立模板。通过使用模板,我们就固定了文档的风格,这样就可以在模板上完善内容。因此,使用模板的一个好处是:文字录入和编排界面是分开的,而且模板可以重复使用。好了,通过上面的介绍,我们对模板就有了一定的认识。我们在编制.NET程序时,使用模板将对主程序代码大大简化。模板的定义是使用<template>和</template>标示符,文件保存为.ascx文件。下面的代码是一个典型的模板的定义。

```
<template name="itemtemplate">
  <table cellpadding=10 style="font: 10pt verdana">
    <tr>
      <td valign="top">
        <b>所在系:</b><%# DataBinder.Eval(Container.DataItem, "dept") %><br>
        <b>姓名:</b><%# DataBinder.Eval(Container.DataItem, "name") %><br>
        <b>性别:</b><%# DataBinder.Eval(Container.DataItem, "sex") %><br>
        <b>年级:</b><%# DataBinder.Eval(Container.DataItem, "grade") %>
      </td>
    </tr>
  </table>
</template>
```

在这一模板中，我们使用了数据绑定控件，关于数据绑定控件，请参阅其他章节。同时我们还定义了数据的显示方式。那么在主程序中如何调用呢？请看下面的代码：

1. `<%@ Register TagPrefix="Acme" TagName="StuList" Src="form32.ascx" %>`
2. `<html>`
3. `<body style="font: 10pt verdana">`
4. `<b><center><h3>模板示例</h3></center></b>`
5. `<form runat="server">`
6. `<Acme: StuList runat="server"/>`
7. `</form>`
8. `</body>`
9. `</html>`

其实，模板也属于自定义控件（User Control），我们在使用时要先注册（Register）。对主程序的第一行代码，TagPrefix定义了一个不重复的名字空间（Name Space）。TagName为自定义控件定义了一个名称。然后，就要指明使用的模板的文件名。注册完自定义控件后，就可以把此控件认为是服务器端控件。要使用服务器端控件，要做什么工作呢？要使用runat="server"属性。请参考第7行代码。

现在看一个完整的例子。这个例子包含了两个文件，一个主程序文件（template.aspx），另一个是用户自定义控件文件（template.ascx）。

template.aspx文件的代码如下：

```
<!--源文件：form\CustomControl\template.aspx-->
<%@ Register TagPrefix="Acme" TagName="stuList" Src="zy.ascx" %>
<html>
<body style="font: 10pt verdana">
<b><center><h3>模板示例</h3></center></b>
<form runat="server">
<Acme:stuList runat="server"/>
</form>
</body>
</html>
```

template.ascx文件的代码如下：

```
<!--源文件：form\CustomControl\template.ascx-->
<%@ Import Namespace="System.Data" %>
<%@ Import Namespace="System.Data.SQL" %>
<script language="VB" runat="server">
    Sub Page_Load(Src As Object, E As EventArgs)
        If Not (Page.IsPostBack)
            Dim DS As DataSet
            Dim MyConnection As SQLConnection
```

```
            Dim MyCommand As SQLDataSetCommand
        MyConnection = New SQLConnection("server='iceberg';uid=sa;pwd=;database=info")
        MyCommand = New SQLDataSetCommand("select * from infor where dept='" & Category.SelectedItem.Value & "'", MyConnection)
            DS = New DataSet()
            MyCommand.FillDataSet(DS, "infor")
            MyDataList.DataSource = DS.Tables("infor").DefaultView
            MyDataList.DataBind()
        End If
    End Sub

    Sub Category_Select(Sender As Object, E As EventArgs)
            Dim DS As DataSet
            Dim MyConnection As SQLConnection
            Dim MyCommand As SQLDataSetCommand
        MyConnection = New SQLConnection("server='iceberg';uid=sa;pwd=;database=info")
        MyCommand = New SQLDataSetCommand("select * from infor where dept='" & Category.SelectedItem.Value & "'", MyConnection)
            DS = New DataSet()
            MyCommand.FillDataSet(DS, "infor")
            MyDataList.DataSource = DS.Tables("infor").DefaultView
            MyDataList.DataBind()
    End Sub
</script>
<table style="font: 10pt verdana">
<center>
<tr>
  <center><td><b>请选择系名:</b></td></center>
<td style="padding-left:15">
<center>   <ASP:DropDownList AutoPostBack="true" id="Category" OnSelectedIndexChanged="Category_Select" runat="server">
        <ASP:ListItem value="信息系">信息系</ASP:ListItem>
        <ASP:ListItem value="工程系">工程系</ASP:ListItem>
        <ASP:ListItem value="英语系">英语系</ASP:ListItem>
    </ASP:DropDownList></center>

</td>
  </tr>
```

```
</table>
<ASP:DataList id="MyDataList" BorderWidth="0" RepeatColumns="2" runat="server">
<template name="itemtemplate">
  <table cellpadding=10 style="font: 10pt verdana">
      <tr>
          <td valign="top">
            <b>所在系：</b><%# DataBinder.Eval(Container.DataItem, "dept") %><br>
            <b>姓名：</b><%# DataBinder.Eval(Container.DataItem, "name") %><br>
            <b>性别：</b><%# DataBinder.Eval(Container.DataItem, "sex") %><br>
            <b>年级：</b><%# DataBinder.Eval(Container.DataItem, "grade") %>
          </td>
      </tr>
</center>
</table>
    </template>
</ASP:DataList>
```

程序运行效果如图 5-1 所示。

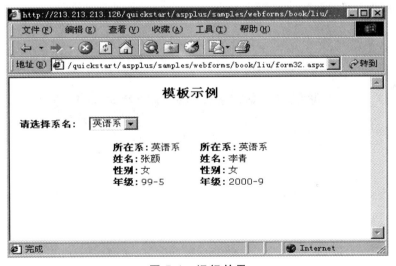

图 5-1 运行效果

这样，一个完整的例子就做好了。这里实现了代码和模板的分离。

5.2 自定义控件

在 ASP.NET 中，除了应用的服务端控件之外，还可以创建自己的服务端控件，这样的控件叫 Pagelet。下面介绍如何创建一个 Pagelet，这个 Pagelet 的功能是在被访问时返回一个消息。创建一个 Pagelet 用来返回一个消息在客户端的浏览器上。

Welcome.ascx：

<!--源文件：form\CustomControl\welcome.ascx-->
欢迎来到我这里啊！！！

就这么简单，当然也可以让它复杂一点。当一个 Pagelet 被创建后，就可以通过下面的记录指示来调用它：

<% @ Register TagPrefix="wmessage" TagName="wname" Src="Welcome.ascx" %>

TagPrefix 为 Pagelet 指定一个唯一的名字空间，TagName 是 Pagelet 的唯一名字，当然也可以换成其他的不是"wname"的名称，如 TagName="saidy"。Src 属性是指向 Pagelet 的虚拟路径。

一旦我们注册了 Pagelet，我们就可以像用普通的控件一样来应用它：

<wmessage:wname runat="server"/>

下面的例子示范了自定义的控件的应用（welcome.aspx）：

<!--源文件：form\CustomControl\welcome.aspx-->
<%@ Register TagPrefix="wmessage" TagName="wname" Src="Welcome.ascx" %>
<html>
<title>自定义的控件</title>
<h3>.NET->Pagelet</h3>
<wmessage:wname runat="server"/>
</body>
</html>

客户端的访问结果如图 5-2 所示。

图 5-2　访问结果

5.3　组合控件

1. 定　义

以类组合形式把已有的控件编译后形成自己定制的控件。实际上组合控件在效果上与利用内置控件形成的用户自定义控件一样，不同处在于，用户自定义控件含有一个.ascx的纯文本控制文件，而组合控件则利用编译后的代码。

2. 步　骤

（1）重新定义从 Control 继承来的 CreateChildControls 方法。

（2）如果组合控件要保持于页面上，须完成 System.Web.UI.INamingContainer 接口。

3. 例　子

演示一个自定义控件，当选择不同按钮时显示不同内容。

（1）控件定义。

```vb
//文件名:form\CustomControl\FormCustom.vb
Option Strict Off

Imports System
Imports System.Web
Imports System.Web.UI
Imports System.Web.UI.WebControls


Namespace test
//定义类 tryVB
Public Class tryVB : Inherits Control : Implements INamingContainer
//定义属性 value,实为 TextBox 控件的 Text 属性
Public Property value As String
Get
Dim Ctrl As TextBox = Controls(1)
Return Ctrl.text
End Get

Set
Dim Ctrl As TextBox = Controls(1)
Ctrl.Text = value
End Set
End Property

Protected Overrides Sub CreateChildControls()
//重载 CreateChildControls 方法
Me.Controls.Add(New LiteralControl("选择结果为："))

Dim Box As New TextBox
```

```
Box.Text = "  "
Me.Controls.Add(box)

End Sub

End Class

End Namespace
```

（2）定义控件的编译。

批处理文件 form\CustomControl\FormCustom.bat 的内容：

vbc /t:library /out:..\bin\testVB.dll /r:System.dll /r:System.Web.dll FormCustom.vb

注意：应把生成的 testVB.dll 文件放到正确的目录中，以便 ASP.NET 解释时能够找到相应的类。

（3）自定义组合控件的使用。

```
<!--源文件：form\CustomControl\formcustom.aspx-->
<%@ Register TagPrefix="test" Namespace="test" %>
<!--首先注册 test 命名空间-->
<html>
<script language="VB" runat=server>
    Private Sub LeftBtn_Click(Sender As Object, E As EventArgs)
    //当选择左边的按钮时的显示
        CustControl.Value = "您选择的是 Yes 按钮"
    End Sub
    Private Sub RightBtn_Click(Sender As Object, E As EventArgs)
    //当选择右边的按钮时的显示
        CustControl.value = "您选择的是 No 按钮"
    End Sub

</script>

<body>
<center>
    <form method="POST" action="formcustom.aspx" runat=server>
        <!--引用自定义的组合控件 tryVB-->
        <test:tryVB id="CustControl" runat=server/>
        <br>
        <!--画两个按钮供选择-->
        <asp:button text="是[Yes]" OnClick="LeftBtn_Click" runat=server/>
```

```
            <asp:button text="否[No]" OnClick="RightBtn_Click" runat=server/>
        </form>
    </center>
    </body>
</html>
```

输出结果如图 5-3 所示。

图 5-3 输出结果

5.4 继承控件

在学习了微软公司的.NET 平台为我们提供的大量功能强大的服务器端控件的使用方法以后，随着应用的深入，一些新的问题又出现了：① 虽然.NET 平台有着大量控制灵活的控件，但是否真的就满足了所有的需求。有时候，我们需要某种控件的部分功能，又希望不要耗费太大的力气去实现，是否可以利用现有的控件来实现；② 有时候，我们希望对某种控件进行改造，使它具有自己所希望的外形或者结果，而不是以它默认的方式运行；③ 我们是否可以把自己经常用到的逻辑规则或者是应用界面作为用户控件,然后使用它就如同使用服务器控件那样方便。

其实以上 3 个问题在现在面向对象设计方法中，是可以找到答案的。为最大可能地利用现有的开发成果，使用"继承"这一手段来节省开发的费用。光有继承不足以形成自己的应用，我们还可以利用"重载"和"多态"来形成自己的应用特点，使之区别于被继承的对象。为了使应用更加简洁和对外隐藏内部的实现，进一步实现代码重用，我们又使用了"封装"。

微软的.NET 平台是支持面向对象的设计方式的新型平台，所以支持并且鼓励用户在应用中设计和使用自己定义的控件。设计用户自己的控件就如同上面所述，有如下步骤：

（1）从 System.Web.UI.Control 类继承，并形成自己的类。

为继承 Control 类，我们需引用 System、System.Web、System.Web.UI 类库，在 VB 环境下使用标识 Imports 来引入。为方便使用，我们还需定义一个命名空间以容纳多个类。在 VB 环境中使用 Namespace 空间名和 End Namespace 标识对来定义一个命名空间。定义一个类使用 Class 和 End Class 标识对。为表明类之间的继承关系，可以使用 Inherits 标识。

继承控件的类定义框架定义如下：

```
Imports System
Imports System.Web
Imports System.Web.UI

Namespace MyNamespace
        Public Class MyClass:Inherits Control
    ...
        End Class
End Namespace
```

一个最简单的例子：从 Control 继承一个类，然后重载其 Render 方法。调用其 Render 方法即在页面以 h2 字体写出一行字。

```
Imports System
Imports System.Web
Imports System.Web.UI

Namespace MyNamespace
Public Class MyClass:Inherits Control

Protect overrides Sub Render(OutPut    as    HtmlTextWriter)
        OutPut.Write("<h2>这是一个最简单的控件继承例子!</h2>")
End Sub
End Class
   End Namespace
```

（2）定义自己的属性和方法，包括重载一些初始化的方法。

在 VB 中，以标识 overrides 指明该方法是一个重载函数。例如，上述的 Render 方法：

Protect overrides Sub Render(Output as HtmlTextWriter)

属性定义就更为复杂一些，首先是定义内部变量，可以为 Public 或 Private。当为 Public 时可以被外部直接存取，这种面向对象方法并不提倡；当为 Private 时，不能直接被外部存取，只有通过内部提供的属性定义方式来存取，然后对需要提供给外部使用的内部变量进行属性存取方式定义。在 VB 中使用 Property 属性名 As 类型和 End Property 标识对来定义，Get/End Get 标识对间定义如何通过属性取得内部变量的值，Set/End Set 标识对间定义如何设置内部变量值。

例如：描述一个人的账号信息，一般需要设定账号（AcctNo）、身份证号（IdNo）、余额（Balance）、有效状态（Stat）等。

```
Imports System
Imports System.Web
Imports System.Web.UI


Namespace MyNamespace
//定义一个枚举变量，0—正常，1—销户，2—其他状态（挂失、冻结等）
    Public Enum Status
        Active = 0
        Deactive = 1
        Other = 2
    End Enum

    Public Class Account : Inherits Control

        Private _AcctNo As String
        Private _IdNo As String
Private _Balance As Currency
Private _Stat As Status

        Public Property AcctNo As String
            Get
                Return _AcctNo
            End Get
            Set
                _AcctNo = Value
            End Set
        End Property

        Public Property IdNo As String
            Get
                Return _IdNo
            End Get
            Set
                _IdNo = Value
            End Set
        End Property
```

```
            Public Property Balance As Currency
                Get
                    Return _Balance
                End Get
                Set
                    _Balance = Value
                End Set
            End Property

            Public Property  Stat  As  Status
                Get
                    Return _Stat
                End Get
                Set
                    _Stat = Value
                End Set
            End Property
        …
            End Class

End Namespace
```

方法的定义就比较灵活，可以根据设计要求，提供相应的功能，如大多数的类一般都会提供创建或者是初始化类的方法。我们仍以上面的账号类为例，定义一个 New 方法：

```
    Public Sub New(AcctNo1 As String,IdNo1 As String,Balance1 As Currency,Stat1 As Status)
        MyBase.New
        Me.AcctNo = AcctNo1
        Me.IdNo = IdNo1
        Me.Balance = Balance1
        Me.Stat = Stat1
    End Sub
```

（3）定义自己的应用界面。

一个用户自定义的控件一般来说较为复杂，由至少一个以上的内置控件构成，这时就需要重载从 Control 类继承来的 CreateChildControls 方法，并在其中生成界面控件。如果用户定义的控件会在一个页面中反复使用，最好使用 implements System.Web.UI.INamingContainer，它会为该控件创建一个唯一的命名空间。

下面的例子将创建一个控件，它由一段说明文字和一个文本输入框构成。

```
Imports    System
Imports    System.Web
Imports    System.Web.UI
Imports    System.Web.UI.WebControls


Namespace MyNamespace
Public Class Myclass :Inherits Control : Implements INamingContainer
…
Protected Overrides Sub CreateChildControls()

           Me.Controls.Add(New LiteralControl("<h3>请输入："))

           Dim txtBox As New TextBox
           txtBox.Text = ""
           Me.Controls.Add(txtBox)

           Me.Controls.Add(New LiteralControl("</h3>"))
      End Sub
…
End Class
End Namespace
```

（4）定义自己控件的消息处理函数。

自己定义的控件含有两种类型的消息：一是包含的子控件所产生的消息，二是自定义的控件消息。

子控件产生的消息处理函数可由 AddHandler 函数来指定，其用法如下：

AddHandler 子控件.消息，AddressOf 消息处理函数

例如：自定义控件中含有一个 Button 控件，并定义其处理函数 MyBtn_Click()：

```
  …
  Private Sub MyBtn_Click(Sender as Objects, E as    EventArgs)
  …
  End Sub

Protected override Sub CreateChildControls()
…
Dim MyBtn  As  New   Button
MyBtn.text=""
AddHandler  MyBtn.Click , AddressOf  MyBtn_Click
Me.Controls.Add(MyBtn)
```

...
End Sub

自定义的控件消息则需要先定义事件说明，格式如下：

Public Event 消息名(Sender as Object,E as EventArgs)

例如：

Public Event Change(Sender as Object,E as EventArgs)

然后定义事件发出函数，例如：

Protected Sub OnChange(E as EventArgs)
    RaiseEvent Change(Me,E)
End Sub

接着定义引起事件发生的过程（可不写）：

Private Sub TextBox_Change(Sender As Object, E As EventArgs)
    OnChange(EventArgs.Empty)
End Sub

最后定义何时触发事件函数，同样使用 AddHandler 函数：

    ...
    Protected override Sub CreateChildControls()
...
    Dim MyBox as New TextBox
    MyBox.Text=""
    AddHandler MyBox.TextChanged , AddressOf TextBox_Change
    Me.Controls.Add(MyBox)
    ...
    End Sub
    ...

（5）最后，谈一谈继承控件的使用。首先应把预先写好的继承控件编译成.DLL 文件，编译格式为：

vbc   /t:library /out:MyDll.dll /r:System.Web.dll MyVb.vb

vbc 为 vb.net 的编译器；/t:表示编译类型，library 为链接库，exe 为独立可执行文件；/out:指定输出文件名；/r:表示需要引用的 DLL 文件；MyVb.vb:指自己编写的继承控件 VB 源程序。

然后，在自己的页面中引用自己定义的控件，需在.aspx 文件头进行注册：

    <%@ Register TagPrefix="标记前缀" Namespace="命名控件" %>

最后，就如同使用内置控件一样，在页面中使用自己定义的控件：

    <命名空间名：类名 ...... runat=server />

下面举一个具体的例子来说明：

我们仍然以开始定义的用户账号为例来定义一个继承控件，该类有 4 个属性，分别为客户账号、身份证号、账户余额、账户状态，其用户界面设定为 4 个文本框供输入属性值以供修改，另外加 2 个按钮以供确认，同时为该控件设定一个事件 Click，当按下确认键后，修改控件属性值，并且在页面中显示自定义控件的属性值，以确认事件确实生效了。

（1）控件定义文件：

//文件名：form\CustomControl\Inherit.vb
Option Strict Off

Imports System
Imports System.Web
Imports System.Web.UI
Imports System.Web.UI.WebControls

Namespace MyNamespace

  Public Enum Status
      Active   = 0
      Deactive = 1
      Other   = 2
  End Enum

Public Class MyAccount:Inherits Control:Implements INamingContainer
//从 Control 类继承，并且有自己的命名空间
  Private _AcctNo As String
  Private _IdNo As String
  Private _Balance As Decimal
  Private _Stat As Status

  Public Event Click(Sender as Object,E as EventArgs)
//定义控件自身的 Click 事件

//对属性存取的定义
    Public Property AcctNo As String
      Get
        Return _AcctNo
      End Get
      Set
        _AcctNo = Value
      End Set
    End Property

    Public Property IdNo As String
      Get
        Return _IdNo

```vbnet
            End Get
            Set
                _IdNo = Value
            End Set
        End Property

        Public Property Balance As Decimal
            Get
                Return _Balance
            End Get
            Set
                _Balance = Value
            End Set
        End Property

        Public Property  Stat  As  Status
            Get
                Return _Stat
            End Get
            Set
                _Stat = Value
            End Set
        End Property

Public Sub New()
    MyBase.New
    Me.AcctNo = ""
    Me.IdNo = ""
    Me.Balance = "0.0"
    Me.Stat = "0"
End Sub

Protected Sub OnClick(E as EventArgs)
    RaiseEvent Click(Me,E)
End Sub

//界面定义为4个属性文本输入框，加一个确定和取消键
Protected Overrides Sub CreateChildControls()
    Me.Controls.Add(New LiteralControl("<h3>客户账号："))
```

```
        dim txtAcctNo as New TextBox
        txtAcctNo.text=_AcctNo
        Me.Controls.Add(txtAcctNo)

        Me.Controls.Add(New LiteralControl("<br>身份证号："))
        dim txtIdNo   as New TextBox
        txtIdNo.text=_IdNo
        Me.Controls.Add(txtIdNo)

        Me.Controls.Add(New LiteralControl("<br>账户余额："))
        dim txtBalance as New TextBox
        txtBalance.text=_Balance
        Me.Controls.Add(txtBalance)

        Me.Controls.Add(New LiteralControl("<br>账户状态："))
        dim txtStat    as New TextBox
        txtStat.text=_Stat
        Me.Controls.Add(txtStat)

        Me.Controls.Add(New LiteralControl("<br><br><br>"))
        dim Btn1 as New Button
        Btn1.text="确 认"
        AddHandler Btn1.Click,AddressOf Btn1_Click
        Me.Controls.Add(Btn1)

        dim Btn2 as New Button
        Btn2.text="取 消"
        Me.Controls.Add(Btn2)

        Me.Controls.Add(New LiteralControl("</h3>"))
End Sub

Private Sub Btn1_Click(Sender as Object,E as EventArgs)
dim ctrl1 as TextBox=controls(1)
Me.AcctNo=ctrl1.text
dim ctrl2 as TextBox=controls(3)
Me.IdNo=ctrl2.text
dim ctrl3 as TextBox=controls(5)
Me.Balance=CDbl(ctrl3.text)
```

```
dim ctrl4 as TextBox=controls(7)
Me.Stat=Cint(ctrl4.text)
OnClick(E)
End Sub

End Class

End Namespace
```

（2）控件编译文件：

```
//rem inherit.vb 的编译文件名：form\CustomControl\i.bat
vbc   /t:library /out:.\bin\MyNamespaceVB.dll /r:System.Web.dll inherit.vb
```

（3）页面使用文件：

```
<!--源文件：form\CustomControl\FormInherit.aspx-->
<%@ Register TagPrefix="MyNamespace" Namespace="MyNamespace" %>
<html>
<script language="vb" runat=server>
sub acct_click(s as object, e as eventargs)
dim strTxt as string
strTxt="<hr>AcctNo="& acct1.AcctNo & "<br>"
strTxt=strTxt & "IdNo=" & acct1.IdNo & "<br>"
strTxt=strTxt & "Balance=" & acct1.Balance & "<br>"
strTxt=strTxt & "Stat=" & acct1.Stat
response.write(strTxt)
end sub
</script>
<head>
<title>
继承控件实验
</title>
</head>

<body bgcolor=#ccccff>
<center>
<h2>继承控件 MyAccount 的使用</h2>
<hr>
<br>
<form action="forminherit.aspx" method="post" runat=server>
  <MyNamespace:MyAccount id="acct1"  AcctNo="1234"  IdNo="5678"  OnClick="acct_click" runat=server />
```

```
</form>
</center>
</body>
</html>
```

(4)开始的输出画面如图 5-4 所示。

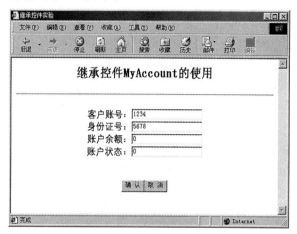

图 5-4 输出画面

(5)修改后,按确认键后的效果如图 5-5 所示。

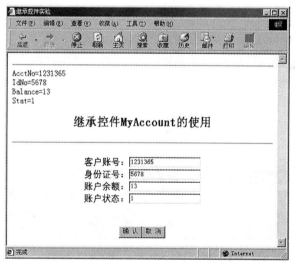

图 5-5 显示效果

5.5 HtmlButton

因为 HTML 控件在服务器端是可见的,所以可以根据它来按照我们的意愿进行编写。HTML 控件表现为一些可见的控件。

HtmlButton server control 就像 HTML4.0 中的<button>一样,但是这与<Input type="button">是不一样的。我们看下面的例子 button.aspx:

响应按钮事件：

```
<script language="VB" runat="server">
    Sub Button1_OnClick(sender As Object, e As EventArgs)
        Span1.InnerHtml="你点击了 Button1"
    End Sub
    Sub Button2_OnClick(sender As Object, e As EventArgs)
        Span1.InnerHtml="你点击了 Button2"
    End Sub
</script>
```

对两个 button 的描述：
button1：

```
<button id="Button1" onServerClick="Button1_OnClick" style="font: 8pt
    verdana;background-color:lightgreen;border-color:black;height=30;width:1
    00" runat="server">
        <img src="/quickstart/aspplus/images/right4.gif"> Click me!
</button>
```

button2 增加了鼠标事件：

```
<button id=Button2 onServerClick="Button2_OnClick"    style="font: 8pt
    verdana;background-color:lightgreen;border-color:black;height=30;width:100"
    onmouseover="this.style.backgroundColor='yellow'"
    onmouseout="this.style.backgroundColor='lightgreen'"
    runat="server">
Click me too!
</button>
```

程序运行效果如图 5-6 所示。

图 5-6　运行效果

点击 Button2，并把鼠标移到它的上面，显示效果如图 5-7 所示。

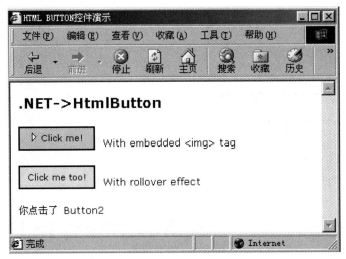

图 5-7　显示效果

5.6　HtmlForm

一个 HtmlForm Control 必须要处理 PostBack 请求，一个 Web Form 只有一个<form>标记。Form.aspx 中 form 的表示：

```
    <form id=ServerForm runat=server>
        <button id=Button1 runat="server"
            onServerClick="Button1_OnClick">Button1</button>

          
        <span id=Span1 runat=server />
        <p>
        <button id=Button2 runat="server"
            onServerClick="Button2_OnClick">Button2</button>
          
        <span id=Span2 runat=server />
    </form>
```

响应鼠标按钮事件：

```
Sub Button1_OnClick(sender As Object, e As EventArgs)
    Span1.InnerHtml = "It is Button1"
    End Sub
    Sub Button2_OnClick(sender As Object, e As EventArgs)
    Span2.InnerHtml = "It is Button2"
    End Sub
```

程序运行结果如图 5-8 所示。

图 5-8　运行结果

点击两个按钮，同时显示信息，如图 5-9 所示。

图 5-9　同时显示信息

5.7　HtmlImages

通过一个<img src="">标记来显示图片：

<img ID="Image1" src="images/4.gif" runat="server"/>

根据 ID 号为<img >提供图片来源：

Sub SubmitBtn_Click(sender As Object, e As EventArgs)
　　Image1.Src="images/" & Select1.Value
End Sub

建立一个选择控件来与用户交互：

选择面部表情文件:

```
<select id="Select1" runat="server">
    <option Value="4.gif">4</option>
    <option Value="5.gif">5</option>
    <option Value="6.gif">6</option>
    <option Value="7.gif">7</option>
    <option Value="8.gif">8</option>
    <option Value="8.gif">8</option>
</select>
<input type="submit" runat="server" Value="提交"
    OnServerClick="SubmitBtn_Click">
```

程序运行结果如图 5-10 所示。

图 5-10 运行结果

选择相应的文件号,点击按钮,图片就显示出来。

5.8 TextArea

像在 HTML 中一样,在 ASP.NET 中的 TextArea 也是一个多行输入框。TextArea 的宽度由其 Cols 属性决定,长度由 Rows 属性决定。

Textarea.aspx 中定义输入:

```
<textarea id="TextArea1" cols=40 rows=4 runat=server />
```

用 TextArea1.Value 取得输入的值,具体如下(textarea.aspx):

```
<!--源文件: form\HtmlControl\textarea.aspx-->
<html>
<head>
    <script language="VB" runat="server">
```

```
        Sub SubmitBtn_Click(sender As Object, e As EventArgs)
            Span1.InnerHtml = "下面是你所写的：<br>" & TextArea1.Value
        End Sub
    </script>
</head>
<body bgcolor="#ccccff">
    <h3><font face="Verdana">.NET->HtmlTextArea</font></h3>
    <form runat=server>
        <font face="Verdana" size="-1">
        写吧：<br>
        <textarea id="TextArea1" cols=40 rows=4 runat=server />
        <input type=submit value="Submit" OnServerClick="SubmitBtn_Click" runat=server>

        <p>
        <span id="Span1" runat="server" />
        </font>
    </form>
</body>
</html>
```

程序运行结果如图 5-11 所示。

图 5-11　运行结果

5.9　InputHidden

可以用隐藏输入控件来处理一些要传送而又不想在页面上显示出来的信息，例如，在电子商务网站中，向银行网关接口传送订单信息就可以用隐藏输入控件来处理。

下面的例子是用不可见的值来取得输入值，再把不可见的值显示出来。

Inputhidden.aspx 隐藏输入控件：

```
<input id="HiddenValue" type=hidden value="隐藏的字符" runat=server>
```

初始值为"隐藏的字符"，在第一次点击按钮时显示出来，方法如下：

```
Sub SubmitBtn_Click(sender As Object, e As EventArgs)

    HiddenValue.Value = StringContents.Value
End Sub
```

这个方法把输入值赋给不可见的控件。完整代码（hidden.aspx）如下：

```
<!--源文件：form\HtmlControl\hidden.aspx-->
<html>
<head>
    <script language="VB" runat="server">
        Sub Page_Load(sender As Object, e As EventArgs)
            If IsPostBack Then
                Span1.InnerHtml="隐藏值：<b>" & HiddenValue.Value & "</b>"
            End If
        End Sub
        Sub SubmitBtn_Click(sender As Object, e As EventArgs)
            HiddenValue.Value = StringContents.Value
        End Sub
    </script>
</head>
<body>
    <h3><font face="Verdana">.NET->HtmlInputHidden</font></h3>
    <form runat=server>
        <input id="HiddenValue" type=hidden value="隐藏的字符" runat=server>
        请输入：<input id="StringContents" type=text size=40 runat=server>
        <p>
        <input type=submit value="确定" OnServerClick="SubmitBtn_Click" runat=server>
        <p>
        <span id=Span1 runat=server>显示隐藏的字符</span>
    </form>
</body>
</html>
```

输入 InputHidden，点击按钮，则显示出默认的隐藏值，如图 5-12 所示。

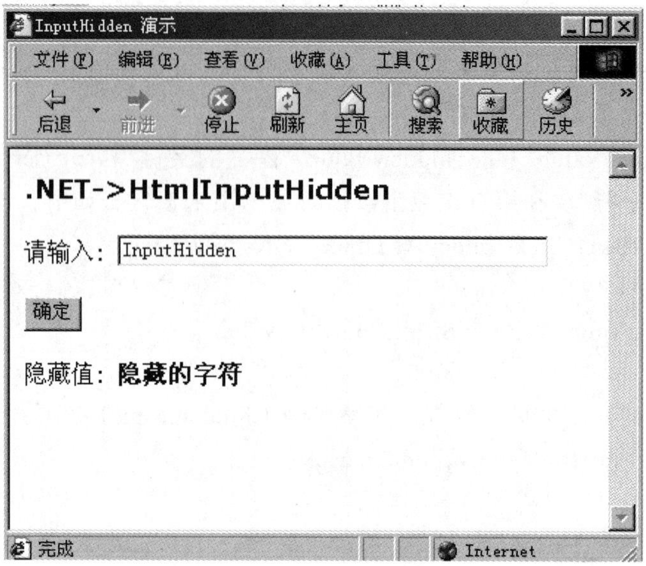

图 5-12 显示结果

5.10 HtmlTable

HtmlTable 服务控件能让开发者轻松地创建表格的行和列，也可以按照程序的模式自动生成表格。

下面的例子展示了这个特性：

```
<table id="Table1" CellPadding=4 CellSpacing=0 Border="1" runat="server" />
```

这就是在 ASP.NET 中表格的表示。做两个 Select 控件让用户选择表格的属性：

```
<p>
    行:
    <select id="Select1" runat="server">
        <option Value="1">1</option>
        <option Value="2">2</option>
        <option Value="3">3</option>
        <option Value="4">4</option>
    </select>
    <br>
    列:
    <select id="Select2" runat="server">
        <option Value="1">1</option>
        <option Value="2">2</option>
        <option Value="3">3</option>
        <option Value="4">4</option>
    </select>
```

当用户提交时,实际上是对页面进行了刷新,即在 Page_Load 方法里面处理,具体如下(htmltable.aspx):

```
<!--源文件：form\HtmlControl\htmltable.aspx-->
<html>
<head>
    <script language="VB" runat="server">
        Sub Page_Load(sender As Object, e As EventArgs)
            Dim numrows As Integer
            Dim numcells As Integer
            Dim i As Integer = 0
            Dim j As Integer = 0
            Dim Row As Integer = 0
            Dim r As HtmlTableRow
            Dim c As HtmlTableCell

            //产生表格
            numrows = CInt(Select1.Value)
            numcells = CInt(Select2.Value)
            For j = 0 To numrows-1
                r = new HtmlTableRow()
                If (row Mod 2 <> 0) Then
                    r.BgColor = "Gainsboro"
                End If
                row += 1
                For i = 0 To numcells-1
                    c = new HtmlTableCell()
                    c.Controls.Add(new LiteralControl("row " & j & ", cell " & i))
                    r.Cells.Add(c)
                Next i
                Table1.Rows.Add(r)
            Next j
        End Sub
    </script>
</head>
<body>
    <h3><font face="Verdana">.NET->HtmlTable</font></h3>
    <form runat=server>
    <font face="Verdana" size="-1">
```

```html
<p>
<table id="Table1" CellPadding=4 CellSpacing=0 Border="1" runat="server" />
<p>
行:
<select id="Select1" runat="server">
    <option Value="1">1</option>
    <option Value="2">2</option>
    <option Value="3">3</option>
    <option Value="4">4</option>
</select>
<br>
列:
<select id="Select2" runat="server">
    <option Value="1">1</option>
    <option Value="2">2</option>
    <option Value="3">3</option>
    <option Value="4">4</option>
</select>
<input type="submit" value="产生表格" runat="server">
    </font>
    </form>
</body>
</html>
```

程序运行结果如图 5-13 所示。

图 5-13　运行结果

选择行数和列数并提交，表格就显示出来了，如图 5-14 所示。

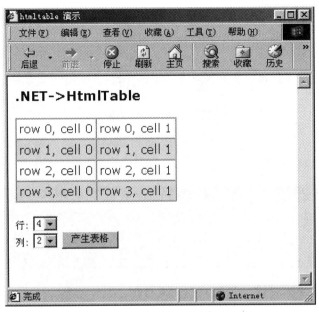

图 5-14　显示效果

5.11　HtmlGenericControl

HtmlGenericControl 提供一个服务器控件，用来执行那些不直接表现出来的未知的 Html Control 标识，如文件 Gerecolor.aspx：

```
<!--源文件：form\HtmlControl\Gerecolor.aspx-->
<html>
<head>
    <script language="VB" runat="server">
    Sub SubmitBtn_Click(sender As Object, e As EventArgs)
        Body.Attributes("bgcolor") = ColorSelect.Value
    End Sub
    </script>
</head>
<body id=Body runat=server>
    <h3><font face="Verdana">.NET->HtmlGenericControl</font></h3>
    <form runat=server>
    <p>
    Select a background color for the page: <p>
    <select id="ColorSelect" runat="server">
        <option>White</option>
```

```
            <option>Wheat</option>
            <option>Gainsboro</option>
            <option>LemonChiffon</option>
        </select>
        <input type="submit" runat="server" Value="Apply" OnServerClick="SubmitBtn_Click">
    </form>
</body>
</html>
```
程序运行结果如图 5-15 所示。

图 5-15　运行结果

在下拉框中选择想要的颜色，则页面背景颜色就会改变。

5.12　HtmlInputButton

这个控件有几个功能，可以是普通的按钮来响应一般的事件，也可以是 Submit 按钮，还可以是 Reset 按钮。

1. 一般性的按钮

这个控件不是响应表单中通常的 Submit 或者 Reset 事件，而是响应我们为它定制的事件（button.aspx）。

```
<!--源文件：form\HtmlControl\button.aspx-->
<html>
<head>
```

```
<script language="VB" runat="server">
    Sub Button1_Click(sender As Object, e As EventArgs)
        Span1.InnerHtml = "你点击了这个按钮！"
    End Sub
</script>
</head>
    <h3><font face="Verdana">.NET->HtmlInputButton->button</font></h3>
    <form runat=server>
        <p>
        <input type=button value="Button1" onServerClick="Button1_Click" runat="server">
          
        <span id=Span1 runat=server />
    </form>
</body>
</html>
```

点击按钮，出现画面如图 5-16 所示。

图 5-16　出现画面

2. Submit 与 Reset

在 ASP.NET 中，对这两个按钮，用到了<input type=>标示，如果在后面加上 runat="server"，表示这个按钮在 ASP.NET 的框架之内，我们必须写方法来响应这个事件。如果没有 runat="server"这个修饰，我们可以把这个控件当作普通的 HTML 按钮，不用写响应事件，例如：

```
<input type=reset value="重写" >
```
这是一个标准的 HTML 表示,在 ASP.NET 中的表示如下:
```
<input type=submit value="提交" OnServerClick="SubmitBtn_Click" runat=server>
```
在按钮按下时响应事件 SubmitBtn_Click,具体如下(**button2.aspx**):

```
<!--源文件: form\HtmlControl\button2.aspx-->
<html>
<head>
    <script language="VB" runat="server">
        Sub SubmitBtn_Click(sender As Object, e As EventArgs)
            If Password.Value = "saidy2001" Then
                Span1.InnerHtml = "密码正确! "
            Else
                Span1.InnerHtml="密码错误! "
            End If
        End Sub
        ' Sub ResetBtn_Click(sender As Object, e As EventArgs)
        '    Name.Value = ""
        '    Password.Value = ""
        'End Sub


    </script>
</head>
<BODY BGCOLOR="#CCCCFF">
    <h3><font face="Verdana">.NET->Submit and Reset</font></h3>
    <form runat=server>
        输入名字:<input id="Name" type=text size=40 runat=server>
        <p>
        输入密码:<input id="Password" type=password size=40 runat=server> (密码是:saidy2001)
        <p>
        <input type=submit value="提交" OnServerClick="SubmitBtn_Click" runat=server>
        <input type=reset value="重写" OnServerClick="ResetBtn_Click" runat=server>
        <p>
        <span id="Span1" style="color:red" runat=server></span>
    </form>
</body>
</html>
```

程序运行效果如图 5-17 所示。

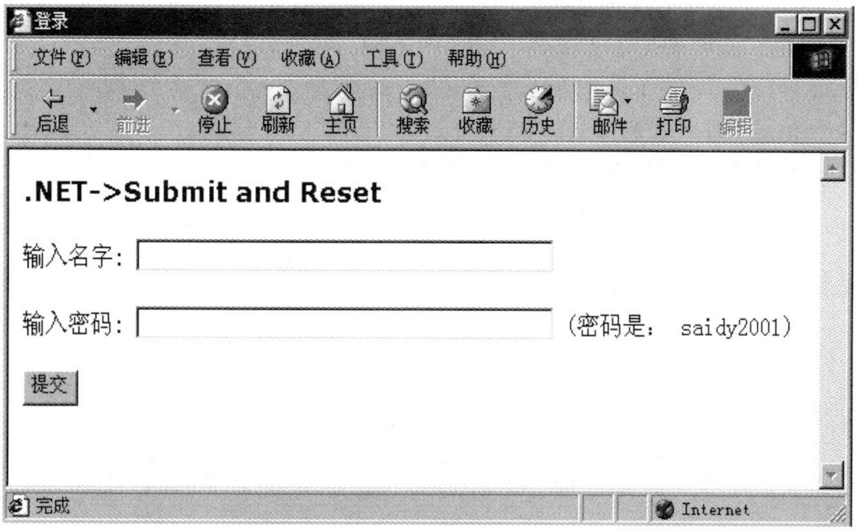

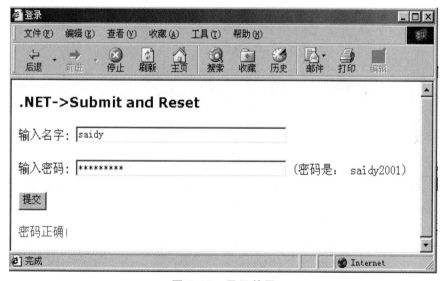

图 5-17　运行效果

输入名字和提示的密码后效果如图 5-18 所示。

图 5-18　显示效果

5.13　小　结

本章在前一章学习了服务器端控件的基础上，探讨了如何在利用已有控件的基础上，开发具有自己特色的自定义控件。使用自定义控件的好处在于：简化了程序开发的周期；有助于形成具有自己特色的风格；隔离了错误发生的根源，修改自己定义的控件时，不必考虑其他因素。

本章还介绍了服务器端的 HTML 控件，虽然它们的功能都可以以简单的 HTML 语言来实现，但是在 ASP.NET 中依然提供了对它们的实现方法。以 HTML 语言书写和以服务器端控件的实现在思维方式上已经有了很大的不同，对于 HTML 语言而言，只是一种标识；而对服务器端 HTML 控件而言，却已演变成为一段程序，一个对象。两者的区别不仅仅是，一个后缀名为.html，另一个为.aspx。HTML 文件依赖于服务器端对标识的解释执行，HTML 控件却可以被编译执行，两者在效率上的差异不言而喻。

第 6 章　ADO.NET 基础

ASP.NET 中的 ADO.NET 和 ASP 中的 ADO（Active Data objects）相对应，它是 ADO 的改进版本。在 ADO.NET 中，通过 Managed Provider 所提供的应用程序编程接口(API)，可以轻松地访问各种数据源的数据，包括 OLEDB 所支持的和 ODBC 支持的数据库。

下面介绍 ADO.NET 中最重要的两个概念：Managed Provider 和 DataSet。

6.1　Managed Provider

过去，通过 ADO 的数据存取采用了两层的基于连接的编程模型。随着多层应用的需求不断增加，程序员需要一个无连接的模型，于是 ADO.NET 就应运而生了。ADO.NET 的 Managed Provider 就是一个多层结构的无连接的一致的编程模型，如图 6-1 所示。

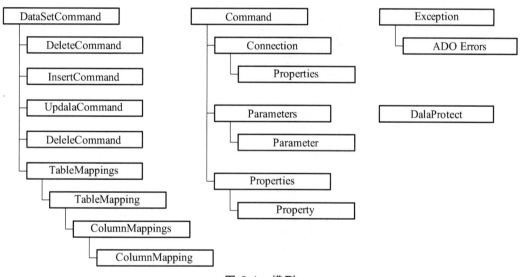

图 6-1　模型

Managed Provider 提供了 DataSet 和数据中心（如 MS SQL）之间的联系。Managed Provider 包含了存取数据中心（数据库）的一系列接口。主要有 3 个部件：

（1）连接对象 Connection、命令对象 Command、参数对象 Parameter 提供了数据源和 DataSet 之间的接口。DataSetCommand 接口定义了数据列和表映射，并最终取回一个 DataSet。

（2）数据流提供了高性能的、前向的数据存取机制。通过 IdataReader，开发者可以轻松而高效地访问数据流。

（3）更底层的对象允许开发者连接到数据库，然后执行数据库系统一级的特定命令。

过去，数据处理主要依赖于两层结构，并且是基于连接的。连接断开，数据就不能再存取。现在，数据处理被延伸到三层以上的结构，相应地，程序员需要切换到无连接的应用模型。这样，DataSetCommand 就在 ADO.NET 中扮演了极其重要的角色。它可以取回一个 DataSet，并维护一个数据源和 DataSet 之间的"桥"，以便于数据访问和修改、保存。DataSetCommand 自动将数据的各种操作变换到数据源相关的合适的 SQL 语句。从图 6-1 中可以看出，4 个 Command 对象——SelectCommand、InsertCommand、UpdateCommand、DeleteCommand 分别代替了数据库的查询、插入、更新、删除操作。

Managed Provider 利用本地的 OLEDB 通过 COM Interop 来实现数据存取。OLEDB 支持自动的和手动的事务处理。所以，Managed Provider 也提供了事务处理的能力。

6.2 DataSet

DataSet 是 ADO.NET 的中心概念。我们可以把 DataSet 想象成内存中的数据库。正是由于 DataSet，才使得程序员在编程序时可以屏蔽数据库之间的差异，从而获得一致的编程模型，如图 6-2 所示。

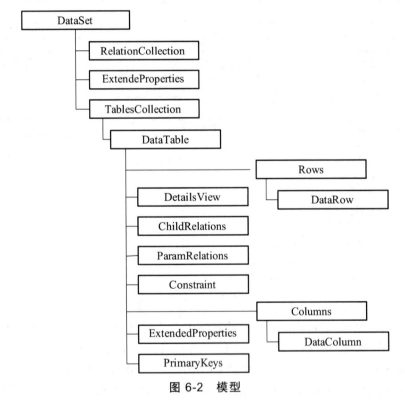

图 6-2 模型

DataSet 支持多表、表间关系、数据约束等。这些和关系数据库的模型基本一致。

6.2.1 TablesCollection 对象

DataSet 里的表(Table)是用 DataTable 来表示的。DataSet 可以包含许多 DataTable，这

些 DataTable 构成 TablesCollection 对象。

DataTable 定义在 System.Data 中，它代表内存中的一张表(Table)。它包含一个称为 ColumnsCollection 的对象，代表数据表的各个列的定义。DataTable 也包含一个 RowsCollection 对象，这个对象含有 DataTable 中的所有数据。

DataTable 保存有数据的状态。通过存取 DataTable 的当前状态，可以知道数据是否被更新或者删除。

6.2.2 RelationsCollection 对象

各个 DataTable 之间的关系通过 DataRelation 来表达，这些 DataRelation 形成一个集合，称为 RelationsCollection，它是 DataSet 的子对象。DataRelation 表达了数据表之间的主键-外键关系，当两个有这种关系的表之中的某一个表的记录指针移动时，另一个表的记录指针也随之移动。同时，一个有外键的表的记录更新时，如果不满足主键-外键约束，更新就会失败。

通过建立各个 DataTable 之间的 DataRelation，可以轻松实现在 ASP 中需要通过 DataShaping 才能实现的功能。

6.2.3 ExtendedProperties 对象

在这个对象里可以定义特定的信息，如密码、更新时间等。

6.2.4 小　结

本节介绍了在 ASP.NET 中数据库编程的两个基本概念——Managed Provider 和 DataSet。在 ASP.NET 中，DataSet 屏蔽了具体数据源和应用之间差异，使得应用摆脱了具体数据的束缚。在今后的数据库编程中，可以把 DataSet 视为远端数据库在内存中的镜像，把烦琐的数据库操作任务交给 Managed Provider 去做。

6.3　ADO.NET 访问数据库的步骤

不论从语法来看，还是从风格和设计目标来看，ADO.NET 都和 ADO 有显著的不同。在 ASP 中通过 ADO 访问数据库，一般要通过以下 4 个步骤：

（1）创建一个到数据库的链路，即 ADO.Connection；
（2）查询一个数据集合，即执行 SQL，产生一个 Recordset；
（3）对数据集合进行需要的操作；
（4）关闭数据链路。

在 ADO.NET 里，这些步骤有很大的变化。ADO.NET 的最重要概念之一是 DataSet。DataSet 是不依赖于数据库的独立数据集合。所谓独立，就是：即使断开数据链路，或者关闭数据库，DataSet 依然是可用的。如果在 ASP 里面使用过非连接记录集合(Connectionless

Recordset），那么 DataSet 就是这种技术的最彻底的替代品。

有了 DataSet，ADO.NET 访问数据库的步骤就相应地改变了：
（1）创建一个数据库链路；
（2）请求一个记录集合；
（3）将记录集合暂存到 DataSet；
（4）如果需要，返回第 2 步（DataSet 可以容纳多个数据集合）；
（5）关闭数据库链路；
（6）在 DataSet 上做需要的操作。

DataSet 在内部是用 XML 来描述数据的。由于 XML 是一种平台无关、语言无关的数据描述语言，而且可以描述复杂数据关系的数据，如父子关系的数据，所以 DataSet 实际上可以容纳具有复杂关系的数据，而且不再依赖于数据库链路。

6.4 ADO.NET 对象模型概览

6.4.1 ADOConnection

ADOConnection 与 ADO 的 ADODB.Connection 对象相对应，ADOConnection 维护一个到数据库的链路。为了使用 ADO.NET 对象，我们需要引入两个 NameSpace：System.Data 和 System.Data.ADO，使用 ASP.NET 的 Import 指令就可以了：

```
<%@ Import Namespace="System.Data" %>
<%@ Import Namespace="System.Data.ADO" %>
```

与 ADO 的 Connection 对象类似，ADOConnection 对象也有 Open 和 Close 两个方法。下面的这个例子展示了如何连接到本地的 MS SQL Server 上的 Pubs 数据库。

```
<%@ Import Namespace="System.Data" %>
<%@ Import Namespace="System.Data.ADO" %>
<%
    //设置连接串
    Dim strConnString as String
    strConnString = "Provider=SQLOLEDB; Data Source=(local); " & _
                    "Initial Catalog=pubs; User ID=sa"

    //创建对象 ADOConnection
    Dim objConn as ADOConnection
    objConn = New ADOConnection

    //设置 ADOCOnnection 对象的连接串
    objConn.ConnectionString = strConnString
```

```
objConn.Open()          //打开数据链路

//数据库操作代码省略

objConn.Close()         //关闭数据链路
objConn = Nothing       //清除对象
%>
```

上面的代码和 ADO 没有太大的差别。应该提到的是，ADO.NET 提供了两种数据库连接方式：ADO 方式和 SQL 方式。这里我们是通过 ADO 方式连接到数据库。关于建立数据库连接的详细内容，我们在后面的篇幅中将会学习。

6.4.2 ADODatasetCommand

另一个不得不提到的 ADO.NET 对象是 ADODatasetCommand，这个对象专门负责创建我们前面提到的 DataSet 对象。还有一个重要的 ADO.NET 对象是 Dataview，它是 DataSet 的一个视图。还记得 DataSet 可以容纳各种关系的复杂数据吗？通过 Dataview，我们可以把 DataSet 的数据限制到某个特定的范围。

下面的代码展示了如何利用 ADODatasetCommand 为 DataSet 填充数据：

```
//创建 SQL 字符串
Dim strSQL as String = "SELECT * FROM authors"

//创建对象 ADODatasetCommand 和 Dataset
Dim objDSCommand as ADODatasetCommand
Dim objDataset as Dataset = New Dataset
objDSCommand = New ADODatasetCommand(strSQL, objConn)

//填充数据到 Dataset
//并将数据集合命名为 "Author Information"
objDSCommand.FillDataSet(objDataset, "Author Information")
```

1. 显示 Dataset

前面我们已经把数据准备好。下面我们来看看如何显示 Dataset 中的数据。在 ASP.NET 中，显示 DataSet 的常用控件是 DataGrid，它是 ASP.NET 中的一个 HTML 控件，可以很好地表现为一个表格，表格的外观可以任意控制，甚至可以分页显示。这里我们只需要简单地使用它：

```
<asp:DataGrid id="DataGridName" runat="server"/>
```

剩下的任务就是把 Dataset 绑定到这个 DataGrid（绑定是 ASP.NET 的重要概念，后续章节将讲述）。一般来说，需要把一个 Dataview 绑定到 DataGrid，而不是直接绑定 Dataset。Dataset 有一个默认的 Dataview，下面就把它和 DataGrid 绑定：

```
            MyFirstDataGrid.DataSource = _
                    objDataset.Tables("Author Information").DefaultView
            MyFirstDataGrid.DataBind()
```

2. 完整的代码（code\122301.aspx）

```
<%@ Import Namespace="System.Data" %>
<%@ Import Namespace="System.Data.ADO" %>
<%
    //设置连接串...
    Dim strConnString as String
    strConnString = "Provider=SQLOLEDB; Data Source=(local); " & _
                    "Initial Catalog=pubs; User ID=sa"

    //创建对象 ADOConnection
    Dim objConn as ADOConnection
    objConn = New ADOConnection

    //设置 ADOCOnnection 对象的连接串
    objConn.ConnectionString = strConnString

    objConn.Open()    //打开数据链路

    //创建 SQL 字符串
    Dim strSQL as String = "SELECT * FROM authors"

    //创建对象 ADODatasetCommand 和 Dataset
    Dim objDSCommand as ADODatasetCommand
    Dim objDataset as Dataset = New Dataset
    objDSCommand = New ADODatasetCommand(strSQL, objConn)

    //填充数据到 Dataset
    //并将数据集合命名为 "Author Information"
    objDSCommand.FillDataSet(objDataset, "Author Information")

    objConn.Close()      //关闭数据链路
    objConn = Nothing    //清除对象

    Authors.DataSource = _
```

```
        objDataset.Tables("Author Information").DefaultView
   Authors.DataBind()

%>

<HTML>
<BODY>
<asp:DataGrid id="Authors" runat="server"/>
</BODY>
</HTML>
```

3. 运行效果(见图 6-3)

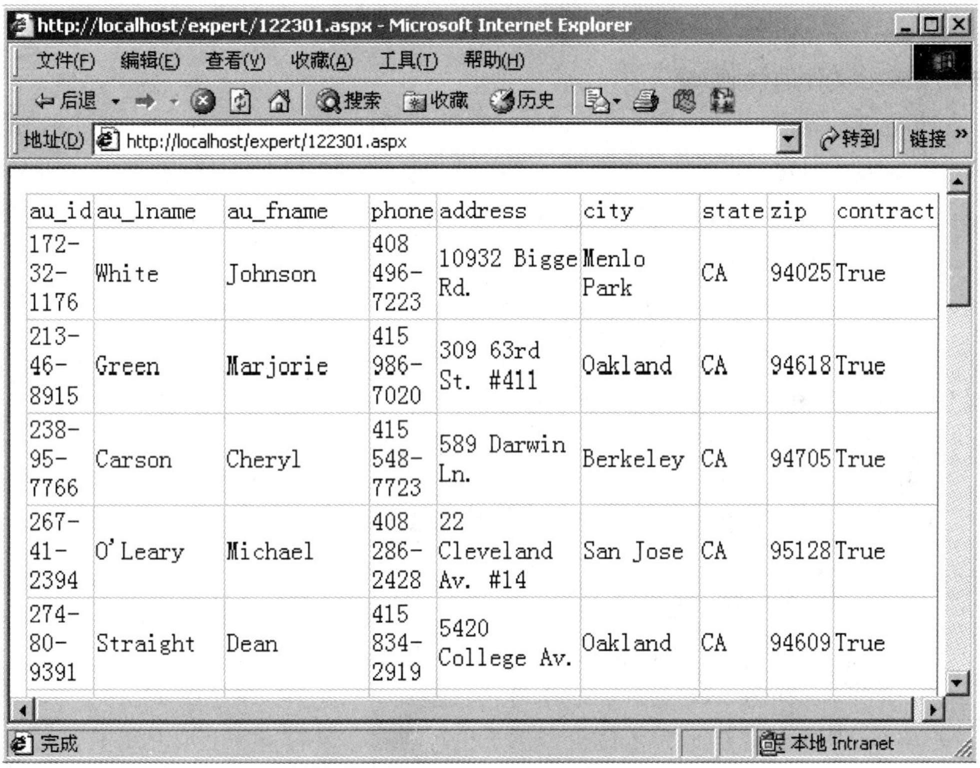

au_id	au_lname	au_fname	phone	address	city	state	zip	contract
172-32-1176	White	Johnson	408-496-7223	10932 Bigge Rd.	Menlo Park	CA	94025	True
213-46-8915	Green	Marjorie	415-986-7020	309 63rd St. #411	Oakland	CA	94618	True
238-95-7766	Carson	Cheryl	415-548-7723	589 Darwin Ln.	Berkeley	CA	94705	True
267-41-2394	O'Leary	Michael	408-286-2428	22 Cleveland Av. #14	San Jose	CA	95128	True
274-80-9391	Straight	Dean	415-834-2919	5420 College Av.	Oakland	CA	94609	True

图 6-3 运行效果

6.4.3 小 结

本节详细介绍了如何使用 ADO.NET 方法访问数据库的步骤,并给出了一个具体的例子演示如何从服务器端取得 pubs 数据库中的 authors 表的数据到本地的 DataSet 中,然后使用 DataGrid 控件绑定到 DataSet 上,最后在客户端显示。虽然这比较简单,但这却是最常用的技术。

6.5 数据库连接字符串

一个 Web 应用往往包括几十上百个 aspx 文件。如果在每一个文件里都是直接构造这个数据库连接字符串，首先是操作麻烦，其次，如果数据库发生了什么变化，如密码变化或者 IP 变化，难道需要修改每一个 aspx 文件吗？

一个解决方法是：把数据库连接字符串封装到 Application（"strConn"）变量里面，在 global.asa 中初始化这个 Application 变量。

另外的一个解决方法是：写一个 DbOpen 函数，放到独立的一个 ASP 文件里，然后在其他的文件里包含这个 DbOpen 函数所在的文件。

这些方法在 ASP 时代非常流行。在 ASP.NET，这些方法大部分依然有效，但是这里推荐的方法是利用 ASP.NET 的特性，因为这样会带来一定的性能提高。

和在 ASP 里面类似，ASP.NET 也有一个 Application 一级的配置文件，叫作 config.web。通过简单地配置 config.web，就可以解决数据库连接字符串问题。

config.web 文件的代码如下：

```
<configuration>
        <appsettings>
                <add key="strConn" value="server=localhost;uid=sa;pwd=;Database=pubs"/>
        </appsettings>
</configuration>
```

在 aspx 页面里，可以这样获得数据库连接字符串：

```
Dim MyConnection As SQLConnection
Dim Config as HashTable

//把 config.web 的 appsettings 全部读到临时对象中
Config = Context.GetConfig("appsettings")
//Config 临时对象实际上是一个集合
MyConnection = New SQLConnection(Config("MyConn"))
```

后续章节将对 config.web 进行详细介绍。

这里需要说明的是，本书为了使各个例子相对独立，没有采用上面介绍的方法。

6.5.1 两种数据库连接方式

ASP.NET 不仅带来了 ADO.NET，还带来了 SQL Managed Provider。这样，在 ASP.NET 里就有了两种连接数据库的方式：① ADO.NET Managed Provider；② SQL Managed Provider。

其中，方式①可以连接到任何 ODBC 或者 OLEDB 数据中心，而方式②可以连接到 MS SQL Server。仅仅就 MS SQL Server 来说，使用方式②在性能上要优于方式①。

下面讲述数据库连接的各种情况。

1. ADO.NET Managed Provider 和 ODBC

我们要连接的数据库是 MS SQL Server 中的 pubs 数据库。首先创建一个 DSN：点击控制面板→管理工具→数据源(ODBC)→添加，如图 6-4 所示。

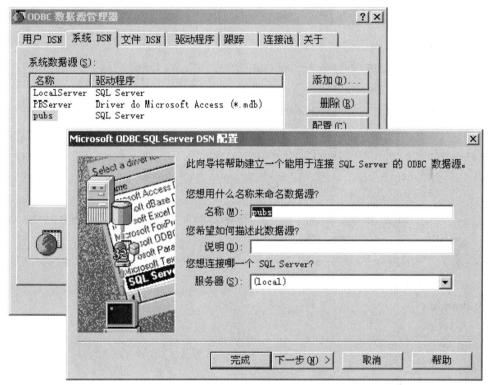

图 6-4　创建 DSN

创建一个到 MS SQL Server 中 pubs 数据库的连接：

```
<%@ Import Namespace="System.Data" %>
<%@ Import Namespace="System.Data.ADO" %>

<script language="VB" RunAt="Server">
…
  //创建对象 ADOConnection
  Dim objConn as ADOConnection=New ADOConnection("DSN=pubs")
  objConn.Open()   //打开数据链路
…
</script>
```

注意：开始的两个 Import 语句是 ADO.NET 对象所在的 Namespace。

ADO.NET Managed Provider+ODBC 可以连接到各种数据源，包括 MS SQL Server、Access、Excel、mySQL、Oracle、格式化的文本文件等。

一个完整的例子：

```
<%@ Page Language="vb" %>
<%@ Import Namespace = "System.Data" %>
<%@ Import Namespace = "System.Data.ADO" %>
<html>
  <head>
  <script runat=server>
    Sub Page_Load(ByVal Sender As Object, ByVal e As EventArgs)
        On Error Resume Next
        Dim cn       As ADOConnection

        cn = New ADOConnection("DSN=NWind")
        cn.Open()
        If cn.State = 1 Then
            lblReturnCode.Text = "The Connection State is: " & cn.State & "-Connection Succeeded"
        Else
            lblReturnCode.Text = "The Connection State is: " & cn.State & " - Connection Failed"
        End If
    End Sub
  </script>
  </head>
  <body>
    <asp:Label id="lblReturnCode" Runat=server />
  </body>
</html>
```

2. ADO.NET Managed Provider 和 OLEDB

建立一个到 OLEDB 数据中心的连接，就需要精心构造数据库连接字符串。下面的代码建立了一个到 Access 数据库的连接：

```
<%@ Import Namespace="System.Data" %>
<%@ Import Namespace="System.Data.ADO" %>

<script language="VB" RunAt="Server">
…
Dim cn As ADOConnection cn = New ADOConnection("provider=Microsoft.Jet.OLEDB.4.0; " & _
   "Data Source=C:\Program Files\Microsoft Office\Office\Samples\Northwind.mdb;")
cn.Open()
…
</script>
```

下面的代码建立了到 MS SQL Server 数据库的连接：

```
<%@ Import Namespace="System.Data" %>
<%@ Import Namespace="System.Data.ADO" %>

<script language="VB" RunAt="Server">
…
Dim cn As ADOConnection cn = New ADOConnection("Provider=SQLOLEDB.1;Data Source=(local);uid=sa;pwd=;Initial Catalog=pubs")
cn.Open()
…
</script>
```

ADO.NET 目前支持的 OLEDB 如表 6-1 所示。

表 6-1　ADO.NET 目前支持的 OLEDB

OLEDB 驱动程序	提供者
SQLOLEDB	SQL OLE DB Provider
MSDAORA	Oracle OLE DB Provider
JOLT	Jet OLE DB Provider
MSDASQL/SQLServer ODBC	SQL Server ODBC Driver via OLE DB for ODBC Provider
MSDASQL/Jet ODBC	Jet ODBC Driver via OLE DB Provider for ODBC Provider

一个完整的例子：

```
<%@ Page Language="vb" %>
<%@ Import Namespace = "System.Data" %>
<%@ Import Namespace = "System.Data.ADO" %>
<html>
  <head>
  <script runat=server>
    Sub Page_Load(ByVal Sender As Object, ByVal e As EventArgs)
        On Error Resume Next
        Dim cn        As ADOConnection

        cn = New ADOConnection("provider=Microsoft.Jet.OLEDB.4.0; Data Source=C:\Program Files\Microsoft Office\Office\Samples\Northwind.mdb;")
        cn.Open()
        If cn.State = 1 Then
            lblReturnCode.Text = "The Connection State is: " & cn.State & "-Connection Succeeded"
        Else
```

```
            lblReturnCode.Text = "The Connection State is: " & cn.State & "-Connection Failed"
        End If
    End Sub
    </script>
</head>
<body>
    <asp:Label id="lblReturnCode" Runat=server />
</body>
</html>
```

3. SQL Managed Provider 和 Microsoft SQL Server

通过 SQL Managed Provider 建立到 MS SQL Server 的连接：

```
<%@ Import Namespace="System.Data" %>
<%@ Import Namespace="System.Data.SQL" %>

<script language="VB" RunAt="Server">
…
    Dim objConn as SQLConnection = New ADOConnection("server=localhost;uid=sa;pwd=;database=pubs;")

    objConn.Open()    //打开数据链路
…
</script>
```

注意几个地方：

（1）Import 语句的不同。在 ADO.NET Managed Provider 里面，Import 需要的是 System.Data.ADO；而这里需要 System.Data.SQL。

（2）连接对象也不同。在 ADO.NET Managed Provider 中，所有的对象以 ADO 打头，而这里需要以 SQL 打头。

表 6-2 归纳了这些不同。

表 6-2 ADO.NET Managed Provider 与 ADO.NET SQL Managed Provider 的不同

	ADO.NET Managed Provider	ADO.NET SQL Managed Provider
需要引入的 Namespace	System.Data.ADO	System.Data.SQL
Connection 对象	ADOConnection	SQLConnection
Command 对象	ADODatasetCommand	SQLDatasetCommand
Dataset 对象	Dataset	Dataset
DataReader	ADODataReader	SQLDataReader

续表

	ADO.NET Managed Provider	ADO.NET SQL Managed Provider
连接数据库例子	String sConnectionString = "Provider=SQLOLEDB.1; Data Source=localhost; uid=sa; pwd=; Initial Catalog=pubs"; ADOConnection con = new ADOConnection(sConnectionString); con.Open();	String sConnectionString = "server=localhost;uid=sa;pwd=;database=pubs"; SQLConnection con = new SQLConnection(sConnectionString); con.Open();
执行 SQL 语句例子	ADOCommand cmd = new ADOCommand("SELECT * FROM Authors", con); ADODataReader dr = new ADODataReader(); cmd.Execute(out dr);	SQLCommand cmd = new SQLCommand(("SELECT * FROM Authors", con); SQLDataReader dr = new SQLDataReader(); cmd.Execute(out dr);

使用存储过程例子	ADOCommand cmd = new ADOCommand("spGetAuthorByID", con);
	cmd.CommandType = CommandType.StoredProcedure;
	
	ADOParameter prmID = new ADOParameter("AuthID", ADODataType.VarChar, 11);
	
	prmID.Value = "111-11-1111";
	cmd.SelectCommand.Parameters.Add(prmID);
	
	ADODataReader dr;
	cmd.Execute (out dr);
		SQLCommand cmd = new SQLCommand("spGetAuthorByID", con);
		cmd.CommandType = CommandType.StoredProcedure;
		
		SQLParameter prmID = new SQLParameter("@AuthID", SQLDataType.VarChar,11);
		
		prmID.Value = "111-11-1111"
		cmd.SelectCommand.Parameters.Add(prmID);
		SQLDataReader dr;
		cmd.Execute(out dr);

一个完整的例子：

```
<%@ Page Language="vb" %>
<%@ Import Namespace = "System.Data" %>
<%@ Import Namespace = "System.Data.SQL" %>
<html>
```

```
<head>
<script runat=server>
    Sub Page_Load(ByVal Sender As Object, ByVal e As EventArgs)
        'On Error Resume Next
        Dim cn        As SQLConnection

        cn = New SQLConnection("server=localhost;uid=sa;pwd=;database=pubs;")
        cn.Open()
        If cn.State = 1 Then
            lblReturnCode.Text = "The Connection State is: " & cn.State & " - Connection Succeeded"
        Else
            lblReturnCode.Text = "The Connection State is: " & cn.State & " - Connection Failed"
        End If
    End Sub
</script>
</head>
<body>
    <asp:Label id="lblReturnCode" Runat=server />
</body>
</html>
```

6.5.2 3种方法的对比

一般来说，这3种存取数据库的方法中，SQL Managed Provider效率最高，其次是ADO.NET Managed Provider+OLEDB，最差的是 ADO.NET Managed Provider+ODBC。下面是在普通 PIII 微机上 Access 2000 和 MS SQL Server 2000 的测试结果，如图 6-5 所示。

数据库连接类型	页面显示所需时间/s
ADO.NET Managed Provider+ODBC	0.831 185
ADO.NET Managed Provider+OLEDB	0.100 144
SQL Managed Provider	0.060 086

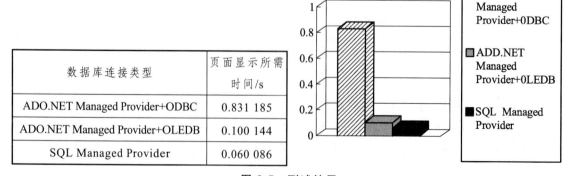

图 6-5　测试结果

从图 6-5 中可以看出，SQL Managed Provider 要优于 ADO.NET Managed Provider，而从 ODBC 和 OLEDB 的对比来看，OLEDB 要优于 ODBC。

下面是测试用的源程序，仅供参考。

测试程序（122303.aspx）：

```
<%@ Page EnableSessionState="False" %>

<%@ Import Namespace="System.Data" %>
<%@ Import Namespace="System.Data.ADO" %>
<%@ Import Namespace="System.Data.SQL" %>


<script language="VB" runat="server">
Sub Refresh(ByVal sender As System.Object, ByVal e As System.EventArgs)
    Dim d1,d2 As DateTime

    Dim strConn
    if Page.IsValid then
        d1=Now()

        Dim iChoice As Integer=CInt(Choices.SelectedItem.Value)
        select case iChoice
            case 1
                strConn="DSN=pubs;"
                ADOBindData(strConn)
            case 2
                strConn="Provider=SQLOLEDB.1;Data Source=(local);uid=sa;pwd=;Initial Catalog=pubs"
                ADOBindData(strConn)
            case 3
                strConn="server=localhost;uid=sa;pwd=;Database=pubs"
                '"server=localhost;uid=sa;pwd=;database=northwind;"
                SQLBindData(strConn)
            Case Else
        end select


        d2=Now()
        result.Text = "用时(Ticks)："&d2.Ticks-d1.Ticks
```

```
        end if
End Sub

Sub ADOBindData(strConn)
    //设置连接串...
    //创建对象 ADOConnection
    Dim objConn as ADOConnection = New ADOConnection(strConn)

    objConn.Open()    //打开数据链路

    //创建 SQL 字符串
    Dim strSQL as String = "SELECT * FROM authors"

    //创建对象 ADODatasetCommand 和 Dataset
    Dim objDSCommand as ADODatasetCommand
    Dim objDataset as Dataset = New Dataset
    objDSCommand = New ADODatasetCommand(strSQL, objConn)

    //填充数据到 Dataset
    //并将数据集合命名为 "Author Information"
    objDSCommand.FillDataSet(objDataset, "Author Information")

    objConn.Close()       //关闭数据链路
    objConn = Nothing     //清除对象


    Authors.DataSource = _
            objDataset.Tables("Author Information").DefaultView
    Authors.DataBind()
End Sub


Sub SQLBindData(strConn)
    //设置连接串...
    //创建对象 ADOConnection
    Dim objConn as SQLConnection = New SQLConnection(strConn)

    objConn.Open()    //打开数据链路
```

```
    //创建 SQL 字符串
    Dim strSQL as String = "SELECT * FROM authors"

    //创建对象 SQLDatasetCommand 和 Dataset
    Dim objDSCommand as SQLDatasetCommand
    Dim objDataset as Dataset = New Dataset
    objDSCommand = New SQLDatasetCommand(strSQL, objConn)

    //填充数据到 Dataset
    //并将数据集合命名为 "Author Information"
    objDSCommand.FillDataSet(objDataset, "Author Information")

    objConn.Close()      //关闭数据链路
    objConn = Nothing    //清除对象


    Authors.DataSource = _
            objDataset.Tables("Author Information").DefaultView
    Authors.DataBind()
End Sub


</script>

<HTML>
<BODY>
<H2>测试设置</H2>
    <Form Action="122303.aspx" Method="Post" RunAt="Server">
    <asp:RadioButtonList ID="choices" RunAt="Server">
        <asp:ListItem selected Text="ADO.NET Managed Provider+ODBC" Value=1/><br>
        <asp:ListItem Text="ADO.NET Managed Provider+OLEDB"   Value=2/><br>
        <asp:ListItem Text="SQL Managed Provider" Value=3/>
    </asp:RadioButtonList>
    <br>
    <asp:LinkButton runat="server" OnClick="Refresh" Text="开始测试"/>
    <br>
<H2>测试结果</H2>
    <asp:label id="result" RunAt="Server" Text="No result"/>
    <br>
```

```
<H2>测试数据</H2>
    <asp:DataGrid id="Authors" runat="server"/>
    </Form>
</BODY>
</HTML>
```

6.6 使用 DataSets

使用 DataSets 有两种方式,一是从数据库中得到,一是自己编程动态创建一个 DataSets。

使用从数据库端得到的 DataSets 方式主要是为了方便用户在客户端操作修改远端的数据库管理系统中的相应信息。而使用编程创建 DataSets,是由于 DataSets 的数据事先并不知道,需要在程序运行中得到数据并填充进 DataSets。采用 DataSets 作为本地数据来源中心的好处是,应用逻辑一样的程序就与数据来源不同分开,当数据源发生变化时,就只需要修改填充 DataSets 的程序而不用修改应用程序。

6.6.1 从数据库得到 DataSets 的使用

使用一个从数据库获得的 DataSets 较为复杂,它的步骤大概如下:

(1)使用 SQLDataSetCommand 命令(SQL 方式)或者 ADODataSetCommand 命令(ADO 方式)从数据库管理系统中获取一个表结构及其数据填充到本地内存的 DataSet 的一个表中。

ADO 方式:

```
Dim MyDsComm As New ADODataSetCommand
Dim MyComm As ADOCommand
Dim MyConn As ADOConnection

MyConn = New ADOConnection _
("Provider=SQLOLEDB.1;Initial Catalog=Northwind;" & _
"Data Source=(local);User ID=sa;")

MyComm = New ADOCommand("SELECT * FROM Customers", MyConn)
MyDsComm.SelectCommand = MyComm
```

SQL 方式:

```
Dim MyConn as SQLConnection
Dim MyComm as SQLDataSetCommand
Dim MyDs as New DataSet
```

MyConn=New SQLConnection("server=localhost;uid=sa;pwd=;database=pubs")
MyComm=New SQLDataSetCommand("Select * from authoers"，MyConn)
MyComm.FillDataSet(Myds,"authers")

（2）对 DataSet 中的表对象 DataTable 的数据进行操作,包括增加、删除、修改其 DataRow 对象

（3）使用 GetChanges 方法产生一个 DataSet 修改后的对象的 DataSet 集合。
代码如下：
Dim changedDataSet As DataSet
changedDataSet = ds.GetChanges(DataRowState.Modified)

（4）通过对产生的 DataSet 对象的 HasErrors 属性进行监控,查看 DataSet 中的表是否有错误发生。

（5）如果有错误发生,就要对 DataSet 中的各个表进行错误检查,方法一样,也是根据各个 DataTable 的 HasErrors 属性。如果表中有错误发生,那么 GetErrors 方法就会被激活,并且会返回一个含有错误的 DataRow 对象的数组。

（6）当表出错时,对于每一个 DataRow 对象的 RowError 属性进行检测。

（7）如果可能,处理发生的错误。

（8）使用 DataSet 对象的 Merge 方法把检测无错误发生修改后的 DataSet 合并入原先的 DataSet 中,代码如下：
ds.Merge(changedDataSet)

（9）使用 DataSetCommand 对象的 update 方法,把合并后的 DataSet 对象送往数据库端进行修改,代码如下：
MyDataSetCommand.Update(ds)

（10）使用 DataSet 对象的 AcceptChanges 方法对数据库修改进行确认,或者使用 RejectChanges 方法撤销对数据库的修改,代码如下：
Ds.AcceptChanges

6.6.2 编程实现 DataSet

（1）使用 DataSet()创建器创立一个 DataSet 对象。
DataSet()可以跟一个字符串用以指明创建的 DataSet 名字：
Dim ds1 as New DataSet
Dim ds2 as New DataSet("MyDataSet")

（2）增加一个 DataTable 到 DataSet 中。具体操作是,首先在 DataSet 对象的 Tables 集合中,增加一个表：
ds.Tables.Add(New DataTable(表名))
然后,再在该表中的 Columns 集合中增加相应的列：
ds.Tables(表名).Columns.Add(列名，列类型)
例如：在 ds 对象中建立一个订购表(Order),它有 3 个字段：客户名(CUNM)、订货编

号（ORNO）、订货数量（ORNM）。

```
ds.Tables.Add(New DataTable("Order"))

ds.Tables("Order").Columns.Add("CUNM", GetType(String))
ds.Tables("Order").Columns.Add("ORNO", GetType(String))
ds.Tables("Order").Columns.Add("ORNM", GetType(int32))

ds.Tables("Order").PrimaryKey=
        New DataColumn(ds.Tables("Order").Columns("ORNO"))
```

在上面的例子中，我们还设置了订购表的键值，这是通过对它的PrimaryKey属性设置来得到的，设置键值的好处在于可以防止相同记录的输入，保证数据的唯一性。

（3）设置表间的关系。

由于DataSet对象中可以含有多个DataTable，而事实上每一个表又不可能与其他的表没有任何关系，这样就带来了一个问题，我们如何描述两个不同的表之间的关系？ASP.NET提供了DataRelation对象来描述表和表之间的关系。DataRelation对象至少需要两个参数才能确定两个表之间的关系，这是因为在两个表的关系中，至少需要一个主键列和一个外键列，才能确定两者之间的对应关系。

例如：客户购物有两个表，一个是客户信息表（Customer），一个是购物信息表(Order)，很显然它们两者之间存在着某种联系。经过分析，我们发现客户编号（CUNO）在两个表中都存在，它能够把两个表的信息连接起来，告诉我们这样一个信息，谁订购了什么物品。因此，需要建立关于客户信息表和购物信息表的一个联系，用ASP.NET语言表达如下：

```
Dim ds as DataSet
…
ds.Relations.Add("CustomerOrder", ds.Tables("Customer").Columns("CUNO"),
                        ds.Tables("Order").Columns("CUNO"))
```

（4）在关系表间的浏览。

通过对DataRelaiton进行设置，可以在同一个DataSet中，对一个表进行操作，找到可能引起的相关表的变化。例如，对于客户信息表中的对应于某个人的一条记录，我们可以在购货信息表中找到所有属于他的购货信息，演示代码如下：

```
dim orderRows() as DataRow
    orderRows=ds.Tables("Customer").ChildRelations("CustomerOrder").GetChildRows(
                        ds.Tables("Customer").Rows(0))
```

（5）数据约束的使用。

在关系数据库中，使用数据约束的目的是为了使数据库的一致性得到保证。当数据发生改变时，数据约束被执行，用以检查对数据的修改，是否和已经定义的规则相符合，如果不符合，修改将不能生效。在ASP.NET中提供了两种数据约束：ForeignKeyConstraint和UniqueConstraint。

ForeignKeyConstraint，外键值一致性约束，定义当表中的一条记录被删除或者是增加一条记录时,与该表相关的其他表的相应记录如何处理。例如,当一个客户被人从客户信息表中删去,那么在购物信息表中的关于他的购物信息的记录如何处理等。

ForeignKeyConstraint 有 5 个可能的值:

① Cascade:当表中记录被删除或者更新以后,对应表中的记录相应被删除和更新。
② SetNull:当表中记录被删除或者更新以后,对应表中的记录被置为 Null。
③ SetDefault:当表中记录被删除或者更新以后,对应表中的记录被置为默认值。
④ None:当表中记录被删除或者更新以后,对应表中的记录不做任何处理。
⑤ Default:当表中记录被删除或者更新以后,ForeignKeyConstraint 采用其默认值,通常该值为 Cascade。

具体使用 ForeigKeyConstraint 时,首先应创建它,然后设置 DeleteRule 和 UpDateRule 属性,指明当删除和更新记录时,对应表的处理规则。

例子:我们对客户信息表定义一个外键,它定义当客户信息表中记录删除时,其关联表——购物信息表中的数据也应删除(意味着用户不存在,自然也不应该有他的购物信息),当客户信息表中记录被修改时,购物信息置为默认的特殊值(意味着,当销售人员发生差错,记错购物用户,那么以他的名义购物的定单不应算在该用户头上,置为特殊标记,以供今后修改),演示代码如下:

```
dim fk as New ForeignKeyConstraint(ds.Tables("Customer").Columns("CUNO"),
                                    ds.Tables("Order".Columns("CUNO"))
//创建外键约束为 Customer 表和 Order 表中 CUNO 字段
fk.DeleteRule=Cascade
fk.UpdateRule=SetDefault
//删除规则为 Cascade,修改规则为 SetDefault
ds.Tables("Customer").Constraints.Add(fk)
//加入 Customer 表的一致性约束集合中
```

UniqueConstraint,唯一性约束,它指定了数据表中的一个列或者几个列的集合的值的唯一性,通常被指定为唯一约束的字段都是表的键值。

例如:对于客户信息表,因为每个人的购物都必须和别人区别,这样才能保证正确地付款和发送货物,因而每一个人的客户编号都不应该相同,这时就可以使用唯一性约束来保证客户信息表中的客户编号唯一。演示代码如下:

```
dim uc as UniqueConstraint
uc=New UniqueConstraint(ds.Tables("Customer").Columns("CUNO"))
//指定唯一约束为 Customer 表中的 CUNO 字段
ds.Tables("Customer").Constraints.Add(uc)
//把唯一约束加入 Customer 表的约束中
```

(6)处理 DataSet 的事件。

为了便于用户对 DataSet 的控制,ASP.NET 提供了 DataSet 的一系列可被用户处理的事件,它们包括:

① PropertyChange:当属性发生改变时。

② MergeFailed：DataSet 合并失败时。
③ RemoveTable：删除一个表时。
④ RemoveRelation：删除一个关系时。
⑤ Adding the event handler to the event：增加一个事件处理函数时。

例如：

```
ds.AddOnPropertyChange(new System.ComponentModel.PropertyChangeEventHandler _
    (AddressOf me.DataSetPropertyChange))
//指定当 DataSet 发生 PropertyChange 事件时的消息处理函数为 DataSetPropertyChange
ds.AddOnMergeFailed(new System.Data.MergeFailedEventHandler _
    (AddressOf me.DataSetMergeFailed))
//指定当 DataSet 发生 MergeFailed 事件时的消息处理函数为 DataSetMergeFailed


//当 PropertyChange 发生时的处理函数
Private Sub DataSetPropertyChange _
    (ByVal sender As Object, ByVal e As System.PropertyChangeEventArgs)
    …
End Sub


//当 MergeFailed 发生时的处理函数
Private Sub DataSetMergeFailed _
    (ByVal sender As Object, ByVal e As System.Data.MergeFaileedEventArgs)
    …
End Sub
```

6.6.3 使用 DataTable

DataTable 是 DataSet 中一个对象，它与数据库表的概念基本一致，为方便起见，我们可以把它认成是数据库 DataSet 中的表。

1. 创建一个 DataTable

DataTable 创建器与使用 DataSets 创建器差不多，可以跟一个参数，用以指定表名。

```
dim MyTable as DataTable

MyTable = New DataTable("Test")
MyTable.CaseSensitive = False
MyTable.MinimumCapacity = 100
```

其中 CaseSensitive 属性指定是否区分大小写，这里指定不区分，CaseSensitive 属性是否打开对查找、排序、过滤等操作有很大的影响。MinimumCapacity 属性指定创建时保留给数据表的最小记录空间。另外还有一个 TableName 的属性，它指定数据表的名称，如下面两种方式创建的表是一样的。

dim MyTable as DataTable
MyTable=New DataTable("test")　（1）　　dim MyTable as New DataTable
MyTable.TableName="test"　（2）

2. 创建表列

一个 DataTable 又含有一个表列（Columns）的集合。表列的集合形成了表的数据结构，就如同数据库概念中，字段对应于表一样。我们可以使用 Columns 集合的 Add 方法向表中添加表列。该方法带有两个参数，一个是表列名，一个是该列的数据类型。由于我们通常在定义表列时，是使用.NET 构架中的数据类型，而非数据库的数据类型，所以需要使用 GetType 方法把.NET 架构的数据类型转换成数据库中的数据类型。

例如，我们建立一个客户信息表（Customer），它含有 3 个字段：

用户姓名（CUNM）　字符型
客户编号（CUNO）　字符型
用户序号（IDNO）　　整型

```
Dim MyTable as DataTable
Dim MyColumn as DataColumn

MyTable = new DataTable("Customer")

MyColumn = MyTable.Columns.Add("CUNM",GetType("String") )
MyColumn = MyTable.Columns.Add("CUNO",GetType("String") )
MyColumn = MyTable.Columns.Add("IDNO",GetType("int32") )
```

3. 创建表达式列

ASP.NET 甚至允许创建一些依赖于其他表达式的表列。这样做的好处是，体现了表列之间的某种自然的联系。

要创建表达式表列，首先要指定表列的 DataType 属性，它表明了表达式运算结果的数据类型，然后设置表列的 Expression 属性为所需的表达式。

一个很明显的例子是利息税，它等于总金额×税率×0.2。在同一表中总金额为 total 列，税率为 rate 列，利息税为 tax 列。它们的关系如下：

```
Dim tax As DataColumn = New DataColumn

tax.DataType = GetType("Currency")
tax.Expression = "total *rate*0.20"
```

也可以：

```
MyTable.Columns.Add("tax"，GetType("Currency"),"total*rate*0.20)
```

4. 使用自增列

在一些数据库中，我们会发现有这样一种数据类型，通常称作系统序号，当向表中增加一条记录时，该字段会自动累加，以后可以通过这一唯一序号来标识每一条记录。在 ASP.NET 中，同样也可以实现类似的功能，这就是自增表列的使用。

定义自增表列实际上是对 DataColumn 对象的 3 个属性——AutoIncrement、AutoIncrementSeed、AutoIncrementStep 的使用。

（1）AutoIncrement 属性：指定是否打开自增功能。

（2）AutoIncrementSeed 属性：指定自增的起始值。

（3）AutoIncrementStep 属性：指定自增的步长。

例如：

```
dim MyTable as New DataTable
dim MyColumn as DataColumn

MyColumn=MyTable.Columns.Add("Sqno", GetType("int32"))
MyColumn.AutoIncrement=True
//打开自增功能
MyColumn.AutoIncrementSeed=0
//自增从 0 值起始
MyColumn.AutoIncrementStep=2
//每次增长 2
```

5. 建立主键值

通常在一个表中，我们会定义一个主键，它能够唯一标识该表中的每一条记录。主键可以为表中的一个表列，也可以为几个表列的集合。主键不能为空，而且不能重复，我们可以用 DataColumn 的两个属性 AllowNull 和 Unique 来实现（DataColumn1.AllowNull=False DataColumn1.Unique=True）。最后 DataTable 对象的 PrimaryKey 属性指定主键。

例如：

```
dim MyColumn as DataColumn
dim MyTable as DataTable
…
MyColumn=MyTable.Columns("CUNO")
MyColumn.AllowNull=False
MyColumn.Unique=True
MyTable.PrimaryKey=MyColumn
```

当键值为几个表列的集合时：

```
dim MyColumn as DataColumn()

MyColumn(0)=MyTable.Columns("col1")
MyColumn(1)=MyTable.Columns("col2")
…
MyTable.PrimaryKey=MyColumn
```

6.6.4 数据的载入

1. 向表中加入数据

当一个表结构已经创建好以后，剩下的问题就是如何把数据载入已经建好的表中。通常采用的方法是，先创建一个 DataRow 对象，它类似于数据库概念中的记录，然后对 DataRow 的 Columns 集合进行赋值，最后把 DataRow 对象加入到 DataTable 的 DataRows 集合中，就相当于在表中插入一条记录。

例如：下一个表 MyTable 中有两个列 Sqno 和 Name，Sqno 为序号，Name 设为"MyName"+序号，我们利用一个循环产生 n 条记录到 MyTable 中。

```
Dim i as integer
Dim n as integer
Dim MyRow as DataRow
 …
 For i = 0 to n
  MyRow = MyTable.NewRow()
  //产生一条新记录
  MyRow("Sqno") = I
  //对 sqno 字段赋值
  MyRow("Name") = "MyName" & i.ToString()
  //对 name 字段赋值
  MyTable.Rows.Add(MyRow)
  //加入记录到表中
 Next
…
```

2. 删除表中记录

DataTable 的 Rows 集合提供了两种方法从一个数据表中删除一条记录，它们是 Remove 方法和 Delete 方法。

例如，删除 MyTable 中的第三条记录：

MyTable.Rows.Remove(3)

或者：

MyTable.Rows(3).Delete

Delete 方法和 Remove 方法的区别不仅仅是方法的使用形式上。当调用 Remove 方法后，那么指定的 DataRow 就会从 Rows 集合中被删除。而 Delete 方法调用时，指定的 DataRow 并不真正从 Rows 集合中删除，只是做了一个删除标记，直到 DataSet 对象调用 AcceptChanges 方法时，才真正被删除；如果是 RejectChanges 方法被调用，那么 Delete 方法删除的 DataRow 对象将被恢复。

3. 使用表中的数据

对于 DataTable 中的每一个 Row,它都可能有 3 种状态：Original、Current、Preposed。Original 状态是指当数据第一次被加入到数据表中时的状态。Current 状态是指经过多次改变 Original 数据后得到的 Row。Preposed 状态存在于一个相当短暂的时期，它是由 original 状态过渡到 Current 状态时的中间状态，一个明显的例子是对数据进行修改而尚未完成时，开始是 Original 状态，完成后是 Current 状态，而这之间就是 Preposed 状态。

为了说明对表中数据的使用，我们来看下面一个例子，它是对 workTable 按每一个字段进行遍历，并把字段名和内容显示出来。

```
Dim CurrRows() As DataRow = workTable.Select(Nothing, Nothing, _
                    System.Data.DataViewRowState.CurrentRows)
//对 workTable 数据集合选择有效的 DataRows 放入 CurrRows 数组
Dim list As String = System.String.Empty
//清空 list 字符串
Dim RowNo As Integer
Dim ColNo As Integer

For RowNo = 0 to CurrRows.Count – 1
//每一条记录的循环

   For ColNo = 0 To workTable.Columns.Count - 1
     //一条记录中每一个字段的循环
       list = ""
       list &= workTable.Columns(colNo).ColumnName & " = " & _
          CurrRows(RowNo)(ColNo).ToString
       Console.WriteLine(list)
   Next
Next

If CurrRows.Count < 1 Then Console.WriteLine("No CurrentRows Found")
```

从上面的例子我们可以看出，对 Rows 集合使用 DataTable 的 Select 方法可以找出有效的 Rows 集合，然后根据 Rows.count 和 columns.count 可以确定有效的记录数和字段数，最后利用记录索引值和列索引值可以唯一确定数据表中的任何数据。

6.6.5 DataReader 的使用方法

1. Read 方法

熟悉 Recordset 的读者一定在想，如何对一个 Dataset 中的每一个记录进行操作呢？这就不得不提到 ADO.NET 的 DataReader 对象了。我们来看看下面的例子：

```
<%@import namespace="system.data.SQL"%>
<script language="vb" runat="server">
Sub Page_Load(sender As Object, e As EventArgs)
    Dim sqlText as String = "select * from authors"
    Dim cnString as string = "server=localhost;uid=sa;pwd=;database=pubs;"
    Dim dbRead AS SQLDataReader
    Dim sqlCmd AS SQLCommand

    sqlCmd = New SQLCommand(sqlText,cnString)
    sqlCmd.ActiveConnection.Open()

    sqlCmd.execute(dbread)

    while dbRead.Read()
        response.write("<br>" & dbRead.Item("au_lname"))
    End while

End Sub
</script>
```

还记得 Recordset 的 MoveNext 和 Recordset 的 EOF 吗？为了对 Recordset 的每一条记录进行操作，我们需要首先调用其 MoveNext 方法移动记录，然后判断是否已经到了记录集合的末尾。

在 ADO.NET 中，一切变得更加简单了。DataReder 的 Read 方法自动移动记录到下一条，并返回移动是否成功的信息。

另外，在上面的代码中并没有显式创建 SQLConnection 对象。我们把连接字符串传递给 SQLCommand，通过 sqlCmd.ActiveConnection.Open() 创建了到数据库的链路。

上述代码的执行结果如图 6-6 所示。

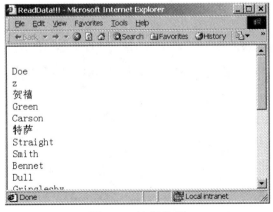

图 6-6　执行结果

2. 更复杂的 Read

下面代码演示了利用 DataReader 生成两个下拉列表的情况。

```
<%@import namespace="system.data.SQL"%>

<SCRIPT LANGUAGE="vb" RUNAT="server">

Sub Page_Load(myList AS Object,E as EventArgs)
If Not Page.IsPostBack()
    Dim dbRead AS SQLDataReader
    Dim dbComm AS SQLCommand
    Dim strConn AS String
    Dim SQL AS String

    strConn = "server=sql.database.com;uid=fooman;password=foopwd;"

    SQL = "Select * from Color ORDER BY Color"
    dbComm = New SQLCommand(SQL,strConn)
    dbComm.ActiveConnection.Open()
    dbComm.execute(dbRead)

    While dbRead.Read()
        ShirtColorOptions.items.add(New ListItem(dbRead.Item("Color")))
    End While

    SQL = "Select * from Size ORDER BY Size"
    dbComm = New SQLCommand(SQL,strConn)
    dbComm.ActiveConnection.Open()
    dbComm.execute(dbRead)

    While dbRead.Read()
        ShirtSizeOptions.items.add(New ListItem(dbRead.Item("Size")))
    End While
End IF

End Sub
</SCRIPT>

<FORM RUNAT="server" method="get">
```

```
<asp:DropDownList id="shirtColorOptions" runat="server"  DataTextField = "URL"/>
<asp:DropDownList id="shirtSizeOptions" runat="server" DataTextField = "Size"/>
</FORM>
```

程序执行结果如图 6-7 所示。

图 6-7　执行结果

3. 把 DataReader 绑定到 DataGrid

下面的例子是基于 NET Framework Beta2 编写的。

```
<%@ Import Namespace="System.Data" %>
<%@ Import Namespace="System.Data.SQL" %>
<%
Dim myConn As SQLConnection = new SQLConnection("server=localhost;uid=sa;pwd=;database=NorthWind;")
Dim myCommand As SQLCommand = new SQLCommand("select * from cusotmers",myConn)

myConn.Open()

cusotmers.DataSource = myCommand.Execute()
cusotmers.DataBind()

myConn.Close()
%>

<HTML>
<BODY>
<asp:DataGrid id="cusotmers" runat="server"/>
</BODY>
</HTML>
```

4. 利用 DataReader 插入记录

```
<SCRIPT LANGUAGE="vb" RUNAT="server">

Sub showDb()

<%@import namespace="system.data.SQL"%>
```

```
Dim dbRead AS SQLDataReader
Dim dbComm AS SQLCommand
Dim strConn AS String
Dim strSQL AS String
strConn= "server=my.sql.database;uid=fooname;password=foofoo;"
strSQL = "INSERT INTO myDatabase (dbValue1) VALUES('the thing')"

dbComm = New SQLCommand(strSQL, strConn)
dbComm.ActiveConnection.Open()
dbComm.execute(dbRead)


End Sub
</SCRIPT>
```

6.6.6 小　结

本节对在 ADO.NET 中如何和远端数据库相连做了进一步的阐述。和数据库相连，ADO.NET 提供了 3 种方式：① 通过 ODBC 相连；② 通过 OLEDB 相连；③ 直接和 SQL Server 相连。这 3 种方式由于应用层次的差异，效率由低到高，独立性由高到低。对于相连数据库的数据处理，也有两种方式。一种是通过 DataSet 来隔离异构的数据源，另一种是以流方式从数据源读取（DataReader 方式）。

第 7 章　数据绑定技术

本章将介绍 ASP.NET 的 Repeater，DataList，DataGrid 服务器端控件。这些控件将数据集合表现为基于 HTML 的界面。本章还引入了利用这些控件的几个例子。

7.1　简　介

Repeater、DataList、DataGrid 控件是 System.Web.UI.WebControls 命名空间（Namespace）里几个相关的页面组件。这些控件把绑定到它们的数据通过 HTML 表现出来，它们又被称为"列表绑定控件"（list-bound controls）。

和其他 Web 组件一样，这些组件不仅提供了一个一致的编程模型，而且封装了与浏览器版本相关的 HTML 逻辑。这种特点使得开发商可以针对这个对象模型编程，而无须考虑各种浏览器版本的差别和不一致性。

这 3 个控件具有把它们的相关数据"翻译"成各种外观的能力。这些外观包括表格、多列列表或者任何的 HTML 流。同时，它们也允许创建任意的显示效果。除此之外，它们还封装了处理提交数据、状态管理、事件激发的功能。最后，它们还提供了各种级别的标准操作，包括选择、编辑、分页、排序等。利用这些控件，可以轻松地完成以下 Web 应用：报表、购物推车、产品列表、查询结果显示、导航菜单等。

下面我们将进一步讲解这些控件及其基本使用方法和如何选用它们。

7.2　列表绑定控件的工作机理

7.2.1　DataSource 属性

因为 Repeater、DataList、DataGrid 都是从 System.Collections.Icollection 继承来的，所以它们都带有 DataSource 属性。DataSource，简单来说，就是一组相同特征的对象或者一个相同对象的集合。

在 ASP.NET 框架里，有许多对象都有 DataSource 属性，包括 System.Data.DataView、ArrayList、HashTable 等。

和其他传统的需要 ADO Recordset 的数据绑定控件不同，这些列表绑定控件只需要实现其 ICollection 接口，而不必一定要指定其 DataSource 属性。而且，由于其 DataSource 属性允许为很多数据类型和数据结构，从而使这些对象的引用变得更加简单和灵活。

例 1：下面我们以从服务器的 SQL Server 数据库 pubs 中取出作者信息，作为 3 种控件 Repeater、DataList、DataGrid 的数据源为例，来说明以数据视图（DataView）作为数据源（DataSource）的方式。

设计如下：在画面的上部有一选择列表（DropDownList），当用户从中选取一种控件来显示数据时，它会根据选择，把隐藏在下部的 3 个画板之一显示出来。

（1）以数据视图作为数据源方式的源程序：

```
<!-- 文件名：code\database\FormDataSource.aspx -->

<!-- 文件名：FormDataSource.aspx -->

<%@ import namespace="system.data" %>
<%@ import namespace="system.data.sql" %>
<!--DataSet 要引用 system.data,数据库连接要用到 system.data.sql-->
<html>

<script language="vb" runat=server>

  sub Page_Load(o as object,e as eventargs)
    dim MyConnection as SQLConnection
    dim MyStr as String
    dim MyDataSetCommand as SQLDataSetCommand
    dim MyDataSet as New DataSet

    If Not IsPostBack

    MyConnection=New

SQLConnection("server=localhost;uid=sa;pwd=;database=pubs")
      //指定连接的服务器、用户、口令、数据库
    MyStr="Select au_lname,au_fname from authors"
      //要得到的数据为 author 表中的姓氏和名字
    MyDataSetCommand=New SQLDataSetCommand(Mystr,MyConnection)
    MyDataSetCommand.FillDataSet(MyDataSet,"Authors")
      //从数据库中取得数据放入内存 DataSet 对象中，并映射为 Authors 表

    Session("MyDs")=MyDataSet
      //保存 DataSet 对象于连接变量 MyDs 中

    Else
       MyDataSet=Session("MyDs")
        //取出 DataSet 对象
```

```
if MyDataSet is Nothing
   Response.Write("无法取得数据")
else
        //根据选择列表的选择,绑定数据,并显示相应的画板
        Select Case DpDnLst.SelectedItem.text
   case "Repeater"
     Response.write _
     ("<center>以<I>Repeater</I>控件显示数据</center>")
     db1.datasource=MyDataSet.tables("authors").defaultview
     db1.databind

panel1.visible=True
panel2.visible=False
panel3.visible=False
   case "DataList"
Response.write _
     ("<center>以<B>DataList</B>控件显示数据</center>")
     db2.datasource=MyDataSet.tables("authors").defaultview
     db2.databind

panel1.visible=False
panel2.visible=True
panel3.visible=False


   case "DataGrid"
     Response.write _
     ("<center>以<U>DataGrid</U>控件显示数据</center>")
     db3.datasource=MyDataSet.tables("authors").defaultview
     db3.databind

panel1.visible=False
panel2.visible=False
panel3.visible=True


   case else
End Select
```

```
        end if
      End If
    end sub
</script>
<head>
<title>
数据绑定技术试验
</title>
</head>

<body bgcolor=#ffffff>
 <center>
    <h2>DataSource 试验</h2>
    <hr>

    <form runat=server>
    请选择控件类型： 
    <asp:DropDownList id="DpDnLst" runat=server>
      <asp:Listitem>Repeater</asp:Listitem>
      <asp:Listitem>DataList</asp:Listitem>
      <asp:Listitem>DataGrid</asp:Listitem>
    </asp:DropDownList>
      
    <asp:button text="提交" runat=server/>
    <hr>

    <!--定义三个画板，根据下拉列表的选择，使指定的画板可见-->

    <!-- 画板一：定义一个 Repeater 控件 -->
    <asp:panel id="panel1" visible=false runat=server>
    <asp:repeater id="db1" runat=server>
       <!--定义 Repeater 控件显示的表头 -->
      <template name="headertemplate">
       <table>
         <tr>
          <td>
           姓氏
          </td>
```

```
      <td>
        名字
      </td>
    </tr>
  </template>

  <!--定义 Repeater 控件数据显示的格式 -->
  <template name="itemtemplate">
    <tr>
      <td>
        <%# databinder.eval(container.dataitem,"au_lname") %>
      </td>
      <td>
        <%# databinder.eval(container.dataitem,"au_fname") %>
      </td>
    </tr>
  </template>

  <!--定义 Repeator 控件显示的表尾 -->
  <template name="footertemplate">
      </table>
  </template>
 </asp:repeater>
</asp:panel>

<!-- 画板二：定义一个 DataList 控件 -->
<asp:panel id="panel2" visible=false runat=server>
 <asp:datalist id="db2" runat=server>
    <!--定义 datalist 的显示格式为：姓氏----名字 -->
  <template name="itemtemplate">
    <%# databinder.eval(container.dataitem,"au_lname") %>
    ----
    <%# databinder.eval(container.dataitem,"au_fname") %>
    <br>
  </template>
 </asp:datalist>
</asp:panel>
```

```
        <!-- 画板三：定义一个 DataGrid 控件  -->
        <asp:panel id="panel3" visible=false runat=server>
         <asp:datagrid id="db3" runat=server>
         </asp:datagrid>
        </asp:panel>

      </form>
     </center>
    </body>
 </html>
```

（2）开始时的输出画面如图 7-1 所示。

图 7-1　输出画面

（3）当选择以 Repeater 控件显示后的输出画面如图 7-2 所示。

图 7-2　输出画面

（4）当选择以 DataList 控件显示后的输出画面如图 7-3 所示。

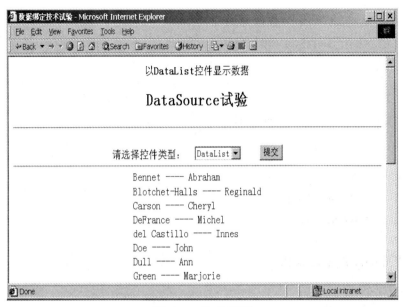

图 7-3　输出画面

（5）当选择以 DataGrid 控件方式显示后的输出画面如图 7-4 所示。

图 7-4　输出画面

例 2：下面演示用 ArrayList 作为数据源的情况。因为 3 种控件（Repeater 控件、DataList 控件、DataGrid 控件）关于数据源数据的取得方法是一样的，虽然最终的表现形式并不一样，为了节省篇幅，我们只以 DataGrid 控件作为输出。

为了和例 1 相比较，下面也以输出上述名字为例，但由于是演示，这里只取了前 5 人的姓名。

以数组列（ArrayList）作为数据源的源程序：
<!-- 文件名：FormDataSource01.aspx -->

```vb
<html>
 <script language="vb" runat=server>
   //定义一个类用于保存姓名
   Public Class PName
   private first_name as String
   private last_name as String

   Public Property Fname as String
     Get
        return first_name
     End Get

     Set
       first_name=value
     End Set
   End Property

   Public Property Lname as String
     Get
        return last_name
     End Get

     Set
       last_name=value
     End Set
   End Property

   //创建实例
   Public Sub New(f as String,l as String)
      MyBase.New
          first_name=f
          last_name=l
   End Sub
```

```
        End Class

            Sub Page_Load(o as object,e as eventargs)
                If Not IsPostBack
                //第一次请求时初始化一个姓名数组,然后绑定到 datagrid 上
                dim Values as New ArrayList

                    Values.add(New PName("Bennet","Abraham"))
                    Values.add(New PName("Blotchet-Halls","Reginald"))
                    Values.add(New PName("Carson","Cheryl"))
                    Values.add(New PName("DeFrance","Michel"))
                    Values.add(New PName("del Castillo","Innes"))

                    dtgrd.datasource=values
                    dtgrd.databind
                End If
            End Sub
        </script>

        <head>
         <title>
            数据绑定试验
         </title>
        </head>

        <body bgcolor=#ccccff>
         <center>
            <h2>数据绑定之数据源试验(ArrayList)</h2>
            <hr>
            <form runat=server>
                <asp:DataGrid id="DtGrd" runat=server/>
            </form>
         </center>
        </body>
        </html>
```

程序运行后的输出结果如图 7-5 所示。

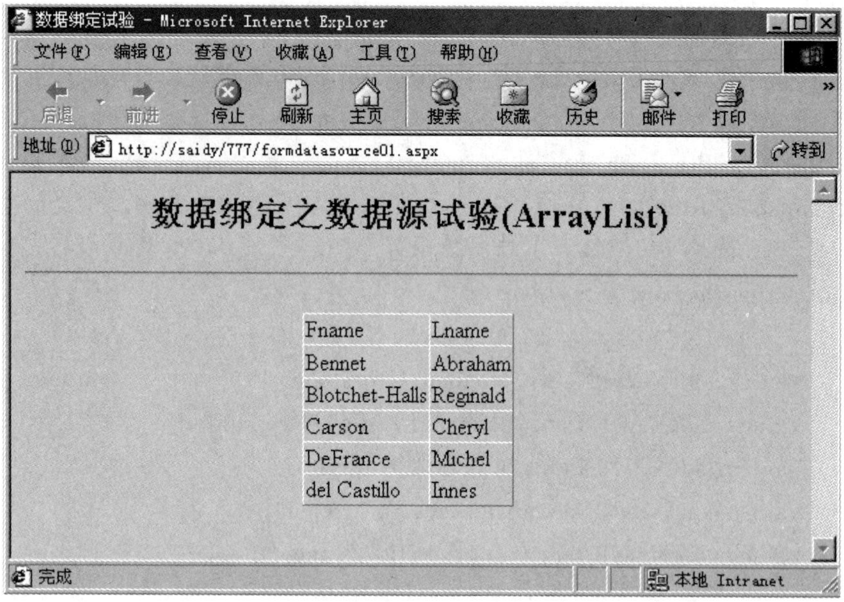

图 7-5 输出结果

例 3：下面将演示如何使用 HashTable 作为列表控件的数据源的使用方法，它基本上和 ArrayList 的用法类似，只是在添加时要有索引如 MyHashTable.add(index,object)，index 为 hash 表的关键字，object 为具体的内容；用它作数据源时，要用它的 Values 属性而并不是其本身，例如：MyDataGrid.DataSource=MyHashTable.Values。

用 HashTable 作为数据源的源程序：

```
<!-- 文件名：FormDataSoure02.aspx -->
<html>

  <script language="vb" runat=server>

//定义一个类用于保存姓名
  Public Class PName
  private first_name as String
  private last_name as String


  Public Property Fname as String
    Get
      return first_name
    End Get


    Set
      first_name=value
```

```
        End Set
    End Property

    Public Property Lname as String
        Get
            return last_name
        End Get

        Set
            last_name=value
        End Set
    End Property

//创建实例
    Public Sub New(f as String,l as String)
        MyBase.New
            first_name=f
            last_name=l
    End Sub

End Class

    Sub Page_Load(o as object,e as eventargs)

        dim ht as New HashTable
            if Not IsPostBack
                //hash Table 的 Add 方法所带参数为:索引, 对象
                ht.add("1",New PName("Bennet","Abraham"))
                ht.add("2",New PName("Blotchet-Halls","Reginald"))
                ht.add("3",New PName("Carson","Cheryl"))
                ht.add("4",New PName("DeFrance","Michel"))
                ht.add("5",New PName("del Castillo","Innes"))


                DtGrd.datasource=ht.values
                DtGrd.databind
                    //数据绑定到 hashtable 上

            End if
```

```
    End Sub
   </script>

   <head>
    <title>
    数据绑定试验
    </title>
   </head>

   <body   bgcolor=#ccccff>
    <center>
      <h2>数据绑定之数据源试验(HashTable)</h2>
      <hr>
      <form runat=server>
        <asp:DataGrid id="DtGrd" runat=server/>
      </form>
    </center>
   </body>
  </html>
```

使用 HashTable 作为数据源的输出画面如图 7-6 所示。

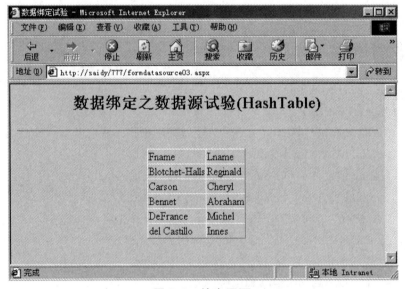

图 7-6 输出画面

例 4：最后以实现 Icolletion 接口方式来实现数据源的绑定，我们用一个函数 LoadData 返回了一个 Icolletion 对象，实际上在 LoadData 函数内部，可以使用上面提到的几种产生数据源的方法来构造 LoadData 函数。

(1) 用 Icolletion 对象来作为数据源的源程序:

```vb
<!-- 文件名：FormDataSource03.aspx -->
<%@ Import NameSpace="System.Data" %>

<html>

<script language="vb" runat=server>

    Function LoadData() As ICollection

        Dim dt As DataTable
        Dim dr As DataRow

        //建立数据表
        dt = New DataTable
        dt.Columns.Add(New DataColumn("姓氏", GetType(String)))
        dt.Columns.Add(New DataColumn("名字", GetType(String)))

        //载入五个人的数据
        dr = dt.NewRow()
        dr(0) = "Bennet"
        dr(1) = "Abraham"
        dt.Rows.Add(dr)

        dr = dt.NewRow()
        dr(0) = "Blotchet-Halls"
        dr(1) = "Reginald"
        dt.Rows.Add(dr)

        dr = dt.NewRow()
        dr(0) = "Carson"
        dr(1) = "Cheryl"
        dt.Rows.Add(dr)

        dr = dt.NewRow()
        dr(0) = "DeFrance"
        dr(1) = "Michel"
        dt.Rows.Add(dr)
```

```
            dr = dt.NewRow()
            dr(0) = "del Castillo"
            dr(1) = "Innes"
            dt.Rows.Add(dr)

            //返回数据表的数据视图
            LoadData = New DataView(dt)

    End Function

    Sub Page_Load(o as object,e as eventargs)

        If Not IsPostBack
            DtGrd.DataSource=LoadData
            DtGrd.DataBind
        End If
    End Sub

</script>

<head>
 <title>
   数据绑定试验
 </title>
</head>

<body bgcolor=#ccccff>
 <center>
   <h2>数据绑定之数据源试验(ICollection)</h2>
   <hr>
    <form runat=server>
     <asp:DataGrid id="DtGrd" runat=server/>
    </form>
 </center>
</body>
</html>
```

（2）使用 Icollection 对象作为数据源的输出画面如图 7-7 所示。

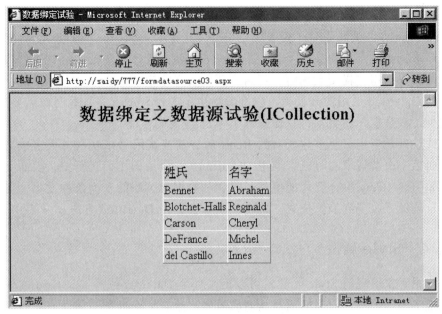

图 7-7 输出画面

7.2.2 Items 集合

每一个列表绑定控件都有一个 Items 集合,集合中的每一个 Item 是 DataSource 所指定的一个对象。

表 7-1 列出了和 DataSource 指定数据相关联的 Item 类型。

表 7-1 和 DataSource 指定数据相关联的 Item 类型

Item	默认类型的一个 Item
AlternatingItem	Items 集合中奇数编号的一个 Item
SelectedItem	当前选中的 Item
EditItem	当前编辑的 Item

表 7-2 列出了和 DataSource 指定数据无关的 Item 类型。

表 7-2 和 DataSource 指定数据无关的 Item 类型

Header	用于表达列表表头
Footer	用于表达列表表尾
Separator	用于表达两个 Item 之间的内容。只适用于 Repeater 和 DataList
Pager	用于分页显示数据集合。适用于 DataGrid 控件

7.2.3 数据绑定和 Items 集合的创建

列表绑定控件基于 ASP.NET 框架,需要开发者明确地进行数据绑定。这就意味着,只有当 DataBind 方法被调用时，才真正需要轮询其 DataSource 所代表的数据。

当 DataBind 方法被调用时，列表绑定控件将轮询 DataSource，创建 Items 集合，并从 DataSource 取回数据，以初始化 Items 集合。如果状态管理被激活，这些控件将自动保存所需要的信息，当用户提交数据时，不再需要开发者指定 DataSource 属性。

明确的 DataBind 调用使开发者可以准确地决定 DataSource 是什么时候需要准备好的，同时也减少了和数据库的交互，从而提高了 Web 应用的性能。

一般的规则是：当需要重建所有的 Items 时，需要调用 DataBind。大多数情况下，只需要在页面第一次被请求的时候，调用 DataBind。在以后的页面运行中，只需要在相应的事件中，如引起 Items 集合变化的事件，或者和数据源关联的查询条件发生了变化，或者数据将从只读模式改变到编辑模式，这时候就需要调用 DataBind 方法。

7.2.4 Style 属性

通过使用对象模型的 Style 属性，可以定义整个 DataList 或者 DataGrid 的外观。这些属性允许指定字体、颜色、边框以及其表现风格。这些控件自身的属性，包括 ForeColor、BackColor、Font 和 BorderStyle，将影响整个控件的表现风格。

另外，对于控件包含的每个 Item，通过指定 ItemStyle、AlternatingItemStyle、HeaderStyle，也可以控制相应 Item 的外观表现。对于 DataGrid，还可以控制到每个列的每个单元，只需要指定 HeaderStyle、FooterStyle 和 ItemStyle。

7.2.5 Template 模板

Style 控制列表绑定控件的可见格式，而 Template 则定义了内容和每个 Item 的表现。可以把 Template 想象成一小段 HTML 代码，通过它决定了如何把每个 Item 显示给用户。

Repeater 和 DataList 通过指定的模板来工作，这些模板包括 ItemTemplate、AlternatingItemTemplate、HeaderTemplate。

DataGrid 控件不使用模板。但是，在此控件的 Columns 集合里使用 TemplateColumns 是可以的，而且 TemplateColumns 里的每一个 TemplateColumn 都可以包含一个模板，就像 Repeater 和 DataList 里的一样。这样就可以定制每一个 DataGrid 的表现形式。

7.3 模板里的数据绑定

一个模板 Template 定义了一个 Item 所包含的控件结构。使用数据绑定表达式，这个结构里的控件属性可以绑定到和这个 Item 关联的数据属性。

Item 从逻辑上来看，是相应 Template 的父亲，可以通过 "Container" 来引用。因为每个 Container 都有 DataItem 属性，所以在构造 Template 的每个数据绑定表达式时，Container.DataItem 常常出现。

数据绑定的方式大概有 4 种：属性绑定、集合绑定、表达式绑定及方法绑定。

（1）属性绑定：

属性绑定是指 ASP.NET 的数据绑定可以绑定到公共的变量、页面的属性乃至其他服务器端控件的属性上。但应该注意的是，这些属性、公用变量一定要在使用 DataBind()方法以前初始化，否则可能导致不可预知的错误。

例子：在页面中定义一个字符串变量和一个整型变量、一个字符串属性和一个整型属性以及一个不可见的 TextBox 控件，然后在页面加载时调用页面的 DataBind 方法，看数据是否绑定成功。

源程序如下：

```
<!-- 文件名：code\database\bonder\FormDataBind01.aspx -->

<!-- 文件名：FormDataBind01.aspx -->

<html>

<script language="vb" runat=server>

    Public PubVar as New String("公用变量")
    Public PubInt as Integer=2222

    Sub Page_Load(o as object,e as eventargs)
     DataBind
    End Sub

    Public ReadOnly Property PubPropStr as String
        Get
            Return "页面字符串属性"
        End Get
    End Property

    Public ReadOnly Property PubPropInt as Integer
        Get
            Return 1111
        End Get
    End Property

</script>

<head>
 <title>
    数据绑定试验
```

```
    </title>
  </head>

<body bgcolor=#ffffff>
  <center>
    <h2>数据绑定到属性试验</h2>
    <asp:TextBox id="tb" text="TextBox 控件属性"
        visible=False runat=server/>
    <hr>
  </center>
    <form runat=server>
        数据 1：(<%# PubVar %>)<br>
        数据 2：(<%# PubInt %>)<br>
        属性 1：(<%# PubPropStr %>)<br>
        属性 2：(<%# PubPropInt %>)<br>
        控件 1：(<%# tb.text %>)
    </form>
 </body>
</html>
```

程序执行后的输出画面如图 7-8 所示。

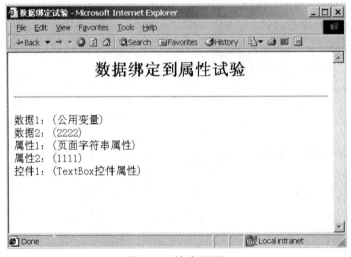

图 7-8　输出画面

（2）集合绑定：

作为数据源的还可以是集合对象，在 ASP.NET 中只要是支持 Icollection 接口的集合对象都可以作为列表服务器端控件。最常见的是使用数组（ArrayList）、哈希表（HashTable）、数据视图（DataView）、数据读写器（DataReader）等集合作为列表服务器端控件的数据源。

例子：以显示一个下拉列表（dropdownlist）为例，说明作为数据源的 4 种集合对象（ArrayList、DataView、HashTable、DataReader）进行数据绑定时的用法。

为了达到相同的输出效果，下拉列表的选项为我国的 6 个城市。

ArrayList 的用法最简单，首先生成一个 ArrayList 的对象，然后用 Add 方法把城市加入，最后绑定到 DropDownList 控件即可。代码架构如下：

```
Dim values as New ArrayList
Values.add("…")
…
DropDownList1.DataSource=values
DropDownList1.DataBind
…
```

HashTable 用法和 ArryList 的用法差不多，但是有两点值得注意：一是，当使用 Add 方法向 HashTable 中添加数据时，它比 ArryList 要多出一个关键值字段，语法为 Add(keyValue,Object)；二是，设置 DataSource 属性值时，不是以 HashTable，而是以其 Values 值作为数据源。其代码框架如下：

```
Dim ht as HashTable

Ht=New HashTable
Ht.add(KeyValue,"…")
//注意 KeyValue 为键值
…
DropDownList1.DataSource=ht.values
DropDownList1.DataBind
…
```

DataView 方式绑定：首先应该得到一个数据视图（DataView），而得到数据视图的方式可以是从远端数据库中取得，或者是本地动态定义 Table，添加数据得到；然后把得到的数据视图赋予 DataSource 属性，同时指定 DataValueField 属性，指定 DataValueField 属性实际上就是指明 DropDownList 控件到底是使用数据视图中的哪一个字段作为自己的数据源。下面的代码示例是使用本地定义方式来产生数据视图，当然可以使用 SQL 取数据方式，示例代码框架如下：

```
Dim dt as DataTable
Dim dr as    DataRow

Dt=New DataTable
Dt.Columns.add(New    DataColumn("…", GetTypeString(…))
//产生数据表所需要的字段
…
```

```
dr=dt.NewRow
dr(0)=…
dr(1)=…
…
dt.rows.add(dr)
//产生一条记录加入到数据表中
…
DropDownList1.DataSource=New DataView(dt)
DropDownList1.DataValueField=…
DropDownList1.DataBind
…

//以下为 SQL 方式
<%@ Import NameSpace="System..Data" %>
<%@ Import NameSpace="System..Data.SQL" %>
…
dim MyConn as SQLConnectoin
dim MyStr as String
dim MyDataSetCommand as SQLDataSetCommand
dim MyDataSet as DataSet

MyConn=new SQLConnection("server=…;uid=…;sa=…;dataserver=…")
//设立连接数据库的字符串
MyStr="Select * from …"
//查询数据语句
MyDataSetCommand=New SQLDataSetCommand(MyStr,MyConn)
//定义取数据命令
MyDataSetCommand.FillDataSet(MyDataSet,"…")
//把远地取得的 DataSet 以…名字放入内存 DataSet
…
DropDownList1.DataSource=MyDataSet.tables(…).Defaultview
DropDownList1.DataValueField=…
DropDownList1.DataBind
…
```

最后 DataReader 方式实际上和 DataView 差不多，区别在于 DataReader 是以流方式取得数据，而 DataView 可以从内存中取得，所以 DataReader 方式在数据绑定以前必须打开连接链路，完成绑定之后再关闭链路，当数据量较大时，这种方式可能会有问题。代码框架如下：

```
dim MyConn as SQLConnection
dim Mystr as String
dim MyComm as SQLCommand
dim MyReader as SQLDataReader

MyConn=New SQLConnection("server=…;uid=…;pwd=…;database=…")
//连接数据库的字符串
MyStr="select * from …"
//查询字符串
MyComm=New SQLCommand(Mystr,MyConn)
//要执行的命令串
MyConn.Open
//打开通往服务器的链路
MyComm.Execute(MyReader)
//执行查询语句
DropDownList1.Datasource=MyReader
DropDownList1.DataValueField=…
DropDownList1.DataBind
MyConn.Close
//绑定完毕才能执行数据链路的关闭
```

下面的代码示例中,使用了服务器上的 SQL 数据库 test 中的一个关于城市名的表 city,我们在使用前,应先在数据库服务器上建立 test 数据库,并建立一个城市名表 city,它至少含有一个 city_name 的字段,为便于比较 4 种不同的实现方法可以达到相同的效果,建议加载的试验数据为相同的城市名,整个例子的完整代码如下:

```
<!-- 文件名：FormDataBind02.aspx -->
<%@ import NameSpace="System.Data" %>
<%@ import NameSpace="System.Data.SQL" %>

<html>

  <script language="vb" runat=server>

    Sub Page_Load(o as object,e as eventargs)

        If Not IsPostBack
            //首次加载,以 4 种方式绑定数据源

            Dim values as ArrayList
```

```
values=New ArrayList()
values.add("北京")
values.add("上海")
values.add("天津")
values.add("重庆")
values.add("香港")
values.add("澳门")

lstArray.datasource=values
lstArray.databind
//控件以 ArrayList 方式绑定


Dim dt as DataTable
Dim dr as DataRow
Dim i   as Integer
Dim ar as Array


dt=New DataTable()
dt.Columns.add(New DataColumn("City",GetType(string)))
//建立一个 city 字段
For i =0 to 5
dr=dt.NewRow()
dr(0)=values.item(i)
dt.rows.add(dr)
Next
//添加 6 个城市的数据


lstDataView.DataSource=New DataView(dt)
lstDataView.DataValueField="City"
lstDataView.DataBind
//控件以 DataView 方式绑定


Dim ht as HashTable


ht=New HashTable()
ht.add("1","北京")
ht.add("2","上海")
ht.add("3","天津")
```

```
            ht.add("4","重庆")
            ht.add("5","香港")
            ht.add("6","澳门")

            lstHash.DataSource=ht.values
            lstHash.DataBind
            //控件以 HashTable 方式绑定


            dim MyConn as SQLConnection
            dim Mystr as String
            dim MyComm as SQLCommand
            dim MyReader as SQLDataReader


            MyConn=New SQLConnection("server=localhost;uid=sa;pwd=;database=test")
            //连接服务器上的 test 数据库
            MyStr="select city_name from city"
            //从 city 表中取城市名字段(city_name)
            MyComm=New SQLCommand(Mystr,MyConn)
            MyConn.Open
            MyComm.Execute(MyReader)
            lstDR.Datasource=MyReader
            lstDR.DataValueField="city_name"
            lstDR.DataBind
            MyConn.Close
        End If
    End Sub
</script>


<head>
  <title>
数据绑定试验
  </title>
</head>


<body bgcolor=#ccccff>
 <center>
   <h2>数据绑定之集合绑定试验</h2>
   <hr>
```

```
    <form runat=server>
      <b>绑定到 ArrayList 的效果:</b>
      <asp:dropdownlist id="lstArray" runat=server />
        
      <b>绑定到 DataView 的效果:</b>
      <asp:dropdownlist id="lstDataView" runat=server />
      <br>
      <p></p>
      <b>绑定到 HashTable 的效果:</b>
      <asp:dropdownlist id="lstHash" runat=server />
        
      <b>绑定到 DataReader 的效果:</b>
      <asp:dropdownlist id="lstDR" runat=server />
    </form>
  </center>
 </body>
</html>
```

程序运行结果如图 7-9 所示。

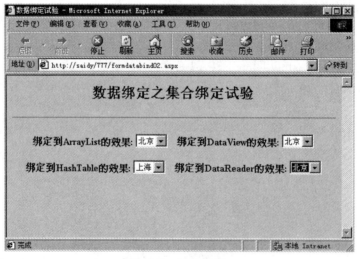

图 7-9 运行结果

（3）绑定到表达式：

除了使用固定的数据作为数据绑定的数据源以外，ASP.NET 还提供了具有动态表达功能的表达式数据绑定，由于它是根据数据项和常数计算而来，因而提供的数据更加灵活、方便。

例子：书价打折计算。当我们从下拉列表中选择一个折扣率后，会显示出各种书的相应价格。源程序如下：

```
<!-- 文件名：FormDataBind03.aspx -->
<%@ import namespace="System.Data" %>
<%@ import namespace="System.Data.Sql" %>

<html>

  <script language="vb" runat=server>

Public CLASS book
    private _name as string
    private _price as decimal

    public readonly property name as string
        Get
            return _name
        end Get
    end property

    public readonly property price as decimal
        Get
            return _price
        end Get
    end Property

    public sub New(n as string,p as decimal)
    MyBase.New
    _name=n
    _price=p
    end sub
End Class

    Sub Page_Load(o as object,e as eventargs)

      if IsPostBack
        dim values as New ArrayList
            values.add(New book("红楼梦",100.0))
            values.add(New book("三国演义",80.0))
            values.add(New book("水浒",85.0))
```

```
            values.add(New book("西游记",60.0))
        lbltxt.text="各种书的价格是："
        dg1.datasource=values
        dg1.Databind
    end if
    End Sub

    Public Function GetRealPrice(price as decimal)
    dim a as decimal

        a=CDbl(rate.selecteditem.value)
        GetRealPrice=price*a
    End Function
</script>


<head>
 <title>
数据绑定试验
 </title>
</head>

<body bgcolor=#ccccff>
<center>
  <h2>数据绑定之表达式绑定</h2>
  <hr>
   <form runat=server>
    请输入折扣率：
    <asp:DropDownList id="rate" runat=server>
     <asp:listitem>1.00</asp:listitem>
     <asp:listitem>0.85</asp:listitem>
     <asp:listitem>0.80</asp:listitem>
     <asp:listitem>0.80</asp:listitem>
     <asp:listitem>0.70</asp:listitem>
     <asp:listitem>0.60</asp:listitem>
     <asp:listitem>0.60</asp:listitem>
    </asp:DropDownList>
      
```

```
            <asp:button text="提交" runat=server/>
            <hr>
            <asp:label id="lbltxt" runat=server/>
            <br>
            <asp:datalist id="dg1" runat=server>
              <template name="headertemplate">
              <table>
                <tr>
                  <th>
                  书名
                  </th>
                  <th>
                  价格
                  </th>
                </tr>
              </template>

              <template name="itemtemplate">
                <tr>
                  <td>
                  <%# databinder.eval(container.dataitem,"name") %>
                  </td>
                  <td>
                    $<%# GetRealPrice(databinder.eval(container.dataitem,"price")) %> 元
                  </td>
                </tr>
              </template>

              <template name="footertemplate">
              </table>
              </template>
            </asp:datalist>

          </form>
      </center>
  </body>
</html>
```

开始时的输出画面如图 7-10 所示。

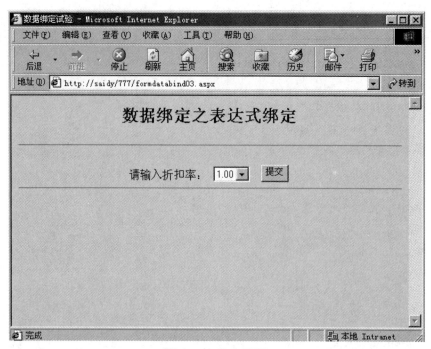

图 7-10 输出画面

当我们输入折扣率为"0.95"后,输出的价格如图 7-11 所示。

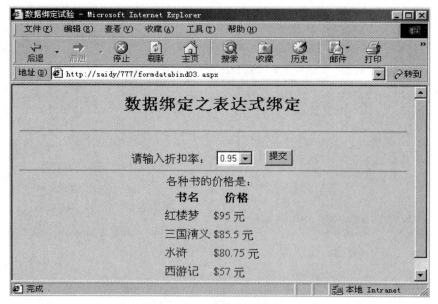

图 7-11 各种书的价格

当我们输入折扣率为"0.7"后,输出的价格如图 7-12 所示。

(4)方法绑定:

在上一个例子中我们已经见到了使用方法的数据绑定,它利用 databinder.eval 方法把指定的数据或者是表达式转换成所期望出现的数据类型。DataBinder.Eval 含有三个参数,第一个是数据项的容器,对于常用的 DataList、DataGrid、Reapter 等控件,通常使用 Container.DataItem;第二个参数是数据项名;第三个参数是要转换成的数据类型,默认为返回该数据项的类型。使用方法绑定的目的通常都是和模板定义相结合产生一些特殊的效果。由于方法绑定比较常见,这里就举一个简单的例子。

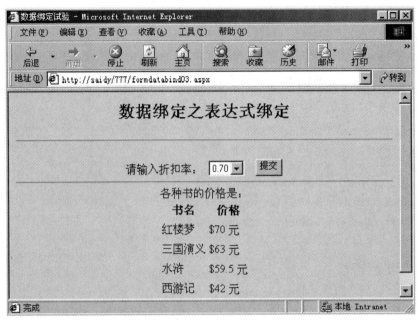

图 7-12　各种书的价格

例子:显示待售图书的价格。
源程序如下:

```
<!-- 文件名:FormDataBind04.aspx-->

<html>

  <script language="vb" runat=server>

Public CLASS book
    private _name as string
    private _price as decimal

    public readonly property name as string
        Get
            return _name
        end Get
    end property
```

```
    public readonly property price as decimal
        Get
            return _price
        end Get
    end Property

    public sub New(n as string,p as decimal)
    MyBase.New
    _name=n
    _price=p
    end sub

End Class

    Sub Page_Load(o as object,e as eventargs)

    if Not IsPostBack
      dim ht as New ArrayList
            ht.add(New book("红楼梦",100.0))
            ht.add(New book("三国演义",80.0))
            ht.add(New book("水浒",85.0))
            ht.add(New book("西游记",60.0))
            dl.datasource=ht
            dl.databind
    end if
    End Sub
</script>

<head>
 <title>
    数据绑定试验
 </title>
</head>

<body bgcolor=#ccccff>
 <center>
    <h2>数据绑定之 DataBinder.Eval 方法</h2>
    <hr>
```

```
<form runat=server>
<b>图书售价清单</b>
<p></p>
<asp:datalist id="dl" borderwith="1" girdlines="both" runat=server>

  <template name="itemtemplate">
  书名：<%# Databinder.eval(container.dataitem,"name") %>
    
  售价：<%# Databinder.eval(container.dataitem,"price") %>元
</template>

</asp:datalist>

</form>

  </center>

 </body>

</html>
```

程序运行结果如图 7-13 所示。

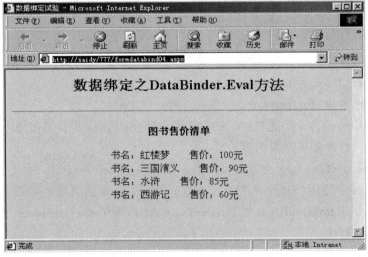

图 7-13　运行结果

7.3.1　Repeater 控件

正如前述，Repeater 完全是模板驱动的。对同样的 DataSource，通过应用不同的模板，

可以得到不同的外观表现。

我们来看看下面的代码：

```
<%@ Page language="C#" src="Repeater1.cs" inherits="Samples.Repeater1Page"%>
<asp:Repeater runat=server id="linksListRepeater"
   DataSource='<%# SiteLinks %>'>
   <template name="HeaderTemplate">
      <ul type="1">
   </template>
   <template name="ItemTemplate">
      <li>
         <asp:HyperLink runat=server
            Text='<%# DataBinder.Eval(Container.DataItem, "SiteName") %>'
            NavigateUrl='<%# DataBinder.Eval(Container.DataItem, "SiteURL") %>'>
         </asp:HyperLink>
      </li>
   </template>
   <template name="FooterTemplate">
      </ul>
   </template>
</asp:Repeater>
```

这个例子显示了通过(<%# ... %>)实现数据绑定的语法。这些数据绑定表达式在调用 DataBind 时被执行。这里，控件的 DataSource 是这个页面的 DataLinks 属性，它是一些 URL 参考信息。

Repeater 控件是唯一允许在 Template 中使用 HTML 片段的控件。本例中，列表被分成 3 段：

（1）<ul type="1">代表 HeaderTemplate。

（2）</ul> 代表 FooterTemplate。

（3）列表的中心内容，是通过<li>来表现的。对 SiteLinks 集合里的每一个对象重复这个 ItemTemplate，就产生了列表内容。

也可以在 HeaderTemplate 中使用<table>，或者在 FooterTemplate 中使用</Table>，或者在 ItemTemplate 中使用<TR>...</TR>。这样就得到了一个表格形式的列表。

我们必须指定 ItemTemplate。当 HeaderTemplate 或者 FooterTemplate 没有被指定时，ItemTemplate 将被替代。

下面的代码是支持上述代码的：

```
namespace Samples {

   ...

   public class Repeater1Page : Page {
```

```csharp
protected Repeater linksListRepeater;

public ICollection SiteLinks {
    get {
        ArrayList sites = new ArrayList();

        sites.Add(new SiteInfo("Microsoft Home",
                                    "http://www.microsoft.com"));
        sites.Add(new SiteInfo("MSDN Home",
                                    "http://msdn.microsoft.com"));
        sites.Add(new SiteInfo("MSN Homepage",
                                    "http://www.msn.com"));
        sites.Add(new SiteInfo("Hotmail",
                                    "http://www.hotmail.com"));
        return sites;
    }
}

protected override void OnLoad(EventArgs e) {
    base.OnLoad(e);

    if (!IsPostBack) {
        // DataBind the page the first time it is requested.
        // This recursively calls each control within the page's
        // control hierarchy.
        DataBind();
    }
}
}

public sealed class SiteInfo {
    private string siteName;
    private string siteURL;

    public SiteInfo(string siteName, string siteURL) {
        this.siteName = siteName;
        this.siteURL = siteURL;
    }
```

```
            public string SiteName {
                get { return siteName; }
            }
            public string SiteURL {
                get { return siteURL; }
            }
        }
    }
```

Repeater1Page 类重载了 Page 类的 OnLoad 方法。在页面第一次被请求时调用 DatBind 方法，这样，Template 里面的每一个数据绑定表达式被计算。由于 Repeater 可以保存它自身的数据和状态，所以用户提交数据时，没有必要再次调用 DataBind 方法（也不需要指定 DataSource）。

页面公开了一个 ICollection 类型的 SiteLinks 属性。这个属性被用于指定为 Repeater 控件的 DataSource。前面我们已经知道 DataSource 必须是 ICollection 类型的。SiteLinks 就是一个简单的 ArrayList，里面包含一系列的站点信息。SiteLinks 属性被设置为 public 的，因为只有 public 和 protected 的属性在数据绑定表达式中才是可用的。

每一个 SiteInfo 对象有两个属性：SiteName 和 SiteURL。在 ItemTemplate 中，我们通过下面的代码来存取其属性的：

```
<asp:HyperLink runat=server
    Text='<%# DataBinder.Eval(Container.DataItem, "SiteName") %>'
    NavigateUrl='<%# DataBinder.Eval(Container.DataItem, "SiteURL") %>'>
</asp:HyperLink>
```

7.3.2 DataList 控件

DataList 是一个模板控件。通过指定其 Style 属性，可以控制它的表现形式，还可以使用它的多列属性。

例子：

```
<%@ Page language="C#" src="DataList1.cs" inherits="Samples.DataList1Page"%>
...

<asp:DataList runat=server id="peopleDataList"
    RepeatColumns="2" RepeatDirection="Vertical" RepeatMode="Table"
    Width="100%">

    <property name="AlternatingItemStyle">
        <asp:TableItemStyle BackColor="#EEEEEE"/>
    </property>
```

```
        <template name="ItemTemplate">
            <asp:Panel runat=server font-size="12pt" font-bold="true">
                <%# ((Person)Container.DataItem).Name %>
            </asp:Panel>
            <asp:Label runat=server Width="20px"
                BorderStyle="Solid" BorderWidth="1px" BorderColor="Black"
                BackColor='<%# ((Person)Container.DataItem).FavoriteColor %>'> 
            </asp:Label>
             
            <asp:Label runat=server Font-Size="10pt"
                Text='<%# GetColorName(((Person)Container.DataItem).FavoriteColor) %>'>
            </asp:Label>
        </template>
</asp:DataList>
```

通过简单地设置 RepeatColumns="2"，我们得到了一个多列的 DataList。而 RepeatDirection="Vertical"表示：列表将从上到下，然后从左到右显示。而如果设置成 RepeatDirection="Horizontal"，列表将从左到右、然后从上到下显示。

本例用了 DataList 的几个 Style 属性。Width 属性使列表占用整个窗口宽度，而 AlternatingItemStyle 属性设置成灰色，使奇数行和偶数行有所区别。

下面的代码是支持这个例子的：

```
namespace Samples {
        ...

    public class DataList1Page : Page {
        protected DataList peopleDataList;

        protected string GetColorName(Color c) {
            return
                TypeDescriptor.GetConverter(typeof(Color)).ConvertToString(c);
        }

        private void LoadPeopleList() {
            // create the datasource
            Person[] people = new Person[] {
                new Person("Nikhil Kothari", Color.Green),
                new Person("Steve Millet", Color.Purple),
                new Person("Chris Anderson", Color.Blue),
                new Person("Mike Pope", Color.Orange),
                new Person("Anthony Moore", Color.Yellow),
```

```csharp
            new Person("Jon Jung", Color.MediumAquamarine),
            new Person("Susan Warren", Color.SlateBlue),
            new Person("Izzy Gryko", Color.Red)
        };

        // set the control's datasource
        peopleDataList.DataSource = people;

        // and have it build its items using the datasource
        peopleDataList.DataBind();
    }

    protected override void OnLoad(EventArgs e) {
        base.OnLoad(e);

        if (!IsPostBack) {
            // first request for the page
            LoadPeopleList();
        }
    }
}

public sealed class Person {
    private string name;
    private Color favoriteColor;

    public Person(string name, Color favoriteColor) {
        this.name = name;
        this.favoriteColor = favoriteColor;
    }

    public Color FavoriteColor {
        get { return favoriteColor; }
    }
    public string Name {
        get { return name; }
    }
}
```

例子中，控件的 DataSource 属性是程序运行时指定的，这和在 aspx 中声明的这些属性形成对照。其实两种方法的效果是完全一样的，但是，无论我们选择哪种方法，都必须调用 DataBind，以便控件可以枚举 DataSource 来创建控件的每一个项目。

本例中的 DataSource 只是一个由 Person 对象组成的简单数组。由于数组对象实现了 ICollection 接口，所以数组可以作为 DataSource。本例也显示了不同数据结构和数据类型作为 DataSource 的可行性和灵活性。

本例显示了以下概念：
（1）在模板中使用丰富的 HTML 用户界面。
（2）使用数组作为 DataSource。
（3）编程指定 DataSource。
（4）在数据绑定时指定各种表达式。

7.3.3 DataGrid 控件

DataGrid 控件可用于创建各种样式的表格。它还支持对项目的选择和操作。下面的几个例子使用了包含如下字段的一个表（见表 7-3）。

表 7-3 包含字段

Title	书　　名
Title ID	编　　号
Author	作　　者
Price	价　　格
Publication date	发行日期

这个表不在数据库中，而是保存在一个名为 titlesdb.xml 的文件中。我们将逐步给出完整的代码。

首先我们来看看 titlesdb.xml 的格式：

```
<root>
<schema id="DocumentElement" targetNamespace=""
        xmlns=http://www.w3.org/1888/XMLSchema
        xmlns:msdata="urn:schemas-microsoft-com:xml-msdata">
   <element name="Title">
      <complexType content="elementOnly">
         <element name="title_id" type="string"></element>
         <element name="title" type="string"></element>
         <element name="au_name" type="string"></element>
         <element name="price" msdata:DataType="System.Currency"
             minOccurs="0"
             type="string"></element>
```

```xml
                <element name="pubdate" type="timeInstant"></element>
            </complexType>
            <unique name="TitleConstraint" msdata:PrimaryKey="True">
                <selector>.</selector>
                <field>title_id</field>
            </unique>
        </element>
    </schema>
    <DocumentElement>
        <Title>
            <title_id>BU1032</title_id>
            <title>The Busy Executive's Database Guide</title>
            <au_name>Marjorie Green</au_name>
            <price>18.88</price>
            <pubdate>1881-06-12T07:00:00</pubdate>
        </Title>
        ...
    </DocumentElement>
</root>
```

在一个典型的 Web 应用中，很可能需要使用 Web Service 或者商业部件来保证最大可能的可扩展性和性能。为了简化代码，我们在 global.asax 中，通过响应 application_onstart 事件读取 xml 数据到一个 DataSet，然后缓存这个 DataSet 到一个 Application 变量。

global.asax 文件的代码如下：

```csharp
public void Application_OnStart() {
    FileStream fs = null;
    DataSet ds = null;

    try {
        fs = new FileStream(Server.MapPath("TitlesDB.xml"), FileMode.Open,
                            FileAccess.Read);
        ds = new DataSet();

        // load the data in the xml file into the DataSet
        ds.ReadXml(fs);
    } finally {
        if (fs != null) {
            fs.Close();
            fs = null;
        }
```

```
    }
        // cache the dataset into application state for use in individual pages
        Application["TitlesDataSet"] = ds;
}
```

以下代码产生了一个简单的页面：

（dg01.aspx）

```
<%@ Page language="C#" src="DataGrid.cs" inherits="Samples.DataGridPage"%>
...

<asp:DataGrid runat=server id="titlesGrid">
</asp:DataGrid>
```

(DataGrid.cs)

```
namespace Samples {
    ...

    public class DataGridPage : Page {
        protected DataGrid titlesGrid;

        public ICollection GetTitlesList() {
            // Retrieve the list of titles from the DataSet cached in
            // the application state.
            DataSet titlesDataSet = (DataSet)Application["TitlesDataSet"];

            if (titlesDataSet != null) {
                return titlesDataSet.Tables["Title"].DefaultView;
            }
            else {
                return null;
            }
        }

        private void LoadTitlesGrid() {
            // retrieve the data from the database
            ICollection titlesList = GetTitlesList();
```

```csharp
        // set the control's datasource
        titlesGrid.DataSource = titlesList;

        // and have it build its items using the datasource
        titlesGrid.DataBind();
    }

    protected override void OnLoad(EventArgs e) {
        base.OnLoad(e);

        if (!IsPostBack) {
            // first request for the page
            LoadTitlesGrid();
        }
    }
}
```

这个.cs 文件包含了页面的所有代码。在功能上，这些代码和上一节的例子非常相似。通过重载页面的 OnLoad 方法，获得数据并绑定到 DataGrid 控件，实现了数据的显示。DataBind 方法被调用时，DataGrid 控件会根据 DataSet 的 DataTable 的每一行，创建表格的每一行。当用户提交表单时，数据绑定不再被调用，控件将根据其原来的状态重新绘制每一个项目。

DataGrid 的 AutoGenerateColumns 默认属性是 True。当 AutoGenerateColumns 为 True 时，DataGrid 将检查其数据源和其对象映射，并为每一个共有属性或者字段创建一个列。本例中，DataGrid 控件把 DataSet 中的每一个字段显示为一个列。DataGrid 的这种功能使得程序员使用很少的代码就可以使用 DataGrid 控件。

每一个自动产生的列称为一个 BoundColumn（绑定列）。绑定列根据其数据表对应列的数据类型，自动将其转化为一个字符串，显示在表格的一个单元中。

dg02.aspx 改进后的代码如下：

```aspx
<%@ Page language="C#" src="DataGrid.cs" inherits="Samples.DataGridPage"%>
...

<asp:DataGrid runat=server id="titlesGrid"
     AutoGenerateColumns="false">
  <property name="Columns">
    <asp:BoundColumn HeaderText="Title" DataField="title"/>
    <asp:BoundColumn HeaderText="Author" DataField="au_name"/>
    <asp:BoundColumn HeaderText="Date Published" DataField="pubdate"/>
    <asp:BoundColumn HeaderText="Price" DataField="price"/>
  </property>
```

            </asp:DataGrid>

dg02.aspx 展示了用户自定义列集合的应用。由于采用了 code-behind 技术，DataGrid.cs 可以不加任何修改。

这里，DataGrid 的 AutoGenerateColumns 设置为 false，不允许控件自动创建列集合。这样，DataGrid 将应用用户定义的列集合来表现 DataSet 到一个表格中。这样做有什么好处呢？

（1）可以控制列的顺序。表格的列将按照我们给定的顺序排列。而相反地，自动产生的列将按照数据被存取的次序来创建，由于数据被存取的次序是不可指定的，可能有别于代码中指定的顺序或者数据库中的顺序。

（2）每一列的标题都可以指定。这可以通过指定其 HeaderText 属性来实现。在 dg01.aspx 中，列的默认标题为字段名。在很多情况下，这不是我们想要的。当然，还可以使用 BoundColumn 的其他属性。

（3）自动产生的列总是 BoundColumn 类型，而指定列允许使用继承了 BoundColumn 的用户控件。

dg03.aspx 是进一步的改进版本，它显示了如何控制 DataGrid 的外观表现和各个项目的格式化控制。

dg03.aspx 文件的代码如下：

```
<%@ Page language="C#" src="DataGrid.cs" inherits="Samples.DataGridPage"%>
...

<asp:DataGrid runat=server id="titlesGrid"
      AutoGenerateColumns="false"
      Width="80%"
      BackColor="White"
      BorderWidth="1px" BorderStyle="Solid" CellPadding="2" CellSpacing="0"
      BorderColor="Tan"
      Font-Name="Verdana" Font-Size="8pt">
  <property name="Columns">
    <asp:BoundColumn HeaderText="Title" DataField="title"/>
    <asp:BoundColumn HeaderText="Author" DataField="au_name"/>
    <asp:BoundColumn HeaderText="Date Published" DataField="pubdate"
        DataFormatString="{0:MMM yyyy}"/>
    <asp:BoundColumn HeaderText="Price" DataField="price"
      DataFormatString="{0:c}">
      <property name="ItemStyle">
        <asp:TableItemStyle HorizontalAlign="Right"/>
      </property>
    </asp:BoundColumn>
  </property>
```

```
        <property name="HeaderStyle">
          <asp:TableItemStyle BackColor="DarkRed" ForeColor="White"
            Font-Bold="true"/>
        </property>
        <property name="ItemStyle">
          <asp:TableItemStyle ForeColor="DarkSlateBlue"/>
        </property>
        <property name="AlternatingItemStyle">
          <asp:TableItemStyle BackColor="Beige"/>
        </property>
      </asp:DataGrid>
```

和前面的例子一样，不同的是，这里我们对 DataGrid 的样式属性进行了控制，从而得到了更好的表格外观。和 dg02.aspx 一样，DataGrid.cs 不需要做任何的改进。

由于 DataGrid 是从 WebControl 继承来的，所以它也具有 Width、BackColor、BorderStyle、Font 等样式属性。此外，DataGrid 还具有 CellPadding 等和表格关联的特殊属性。这些属性使程序员可以完全控制 DataGrid 的样式和表现。

这里还使用了 HeaderStyle 和 AlternatingItemStyle，这是和 DataGrid 项目相关的样式属性。这些属性可以控制表格项目的样式。本例中，表格的偶数行和奇数行具有同样的前景色，但是，偶数行的背景色不同于奇数行。本例还控制了 Price 一列的样式，使文本靠右对齐。

DataGrid 还支持对表格单元的格式化控制。这是通过设置 BoundColumn 的 DataFormatString 属性来实现的。这样，表格单元的内容将被 String.Format 方法所格式化。如果不指定 DataFormatString 属性，默认的 ToString 方法将被调用。

dg04.aspx 显示了如何选择表格的一行：

```
<%@ Page language="C#" src="DataGrid4.cs" inherits="Samples.DataGrid4Page"%>
...

<asp:DataGrid runat=server id="titlesGrid"
    AutoGenerateColumns="false"
    Width="80%"
    BackColor="White"
    BorderWidth="1px" BorderStyle="Solid" CellPadding="2" CellSpacing="0"
    BorderColor="Tan"
    Font-Name="Verdana" Font-Size="8pt"
    DataKeyField="title_id"
    OnSelectedIndexChanged="OnSelectedIndexChangedTitlesGrid">
  <property name="Columns">
    <asp:ButtonColumn Text="Select" Command="Select"/>
    <asp:BoundColumn HeaderText="Title" DataField="title"/>
    <asp:BoundColumn HeaderText="Author" DataField="au_name"/>
```

```
            <asp:BoundColumn HeaderText="Date Published" DataField="pubdate"
                DataFormatString="{0:MMM yyyy}"/>
            <asp:BoundColumn HeaderText="Price" DataField="price"
                DataFormatString="{0:c}">
                <property name="ItemStyle">
                    <asp:TableItemStyle HorizontalAlign="Right"/>
                </property>
            </asp:BoundColumn>
        </property>

        <property name="HeaderStyle">
            <asp:TableItemStyle BackColor="DarkRed" ForeColor="White"
                Font-Bold="true"/>
        </property>
        <property name="ItemStyle">
            <asp:TableItemStyle ForeColor="DarkSlateBlue"/>
        </property>
        <property name="AlternatingItemStyle">
            <asp:TableItemStyle BackColor="Beige"/>
        </property>
        <property name="SelectedItemStyle">
            <asp:TableItemStyle BackColor="PaleGoldenRod" Font-Bold="true"/>
        </property>
</asp:DataGrid>
...
<asp:Label runat=server id="selectionInfoLabel" Font-Name="Verdana" Font-Size="8pt"/>
```

本例中，DataGrid 的 SelectedIndexChanged 事件被处理，代码封装在下面的.cs 文件中。和前面的例子不同，我们增加了一个具有"select"命令的按钮列。这就让 DataGrid 可以为每一行产生一个选择按钮。同时，SelectedItemStyle 属性也被设置，这样可以很清楚地标志当前的选择项目。最后，DataKeyField 属性得到指定，这是为了 code-behind 代码可以使用 DataKeys 集合。

code-behind 的代码如下（DataGrid4.cs）：

```
namespace Samples {
    ...

    public class DataGrid4Page : Page {
        protected DataGrid titlesGrid;
        protected Label selectionInfoLabel;
```

```csharp
public ICollection GetTitlesList() {
    // Retrieve the list of titles from the DataSet cached in
    // the application state.
    DataSet titlesDataSet = (DataSet)Application["TitlesDataSet"];

    if (titlesDataSet != null) {
        return titlesDataSet.Tables["Title"].DefaultView;
    }
    else {
        return null;
    }
}

private void LoadTitlesGrid() {
    // retrieve the data from the database
    ICollection titlesList = GetTitlesList();

    // set the control's datasource and reset its selection
    titlesGrid.DataSource = titlesList;
    titlesGrid.SelectedIndex = -1;

    // and have it build its items using the datasource
    titlesGrid.DataBind();

    // update the selected title info
    UpdateSelectedTitleInfo();
}

protected override void OnLoad(EventArgs e) {
    base.OnLoad(e);

    if (!IsPostBack) {
        // first request for the page
        LoadTitlesGrid();
    }
}

// Handles the OnSelectedIndexChanged event of the DataGrid
protected void OnSelectedIndexChangedTitlesGrid(object sender,
```

```csharp
                                                             EventArgs e) {
            UpdateSelectedTitleInfo();
    }

    private void UpdateSelectedTitleInfo() {
        // get the selected index
        int selIndex = titlesGrid.SelectedIndex;
        string selTitleID = null;
        string selectionInfo;

        if (selIndex != -1) {
            // display the key field for the selected title
            selTitleID = (string)titlesGrid.DataKeys[selIndex];
            selectionInfo = "ID of selected title: " + selTitleID;
        }
        else {
            selectionInfo = "No title is currently selected.";
        }

        selectionInfoLabel.Text = selectionInfo;
    }
}
```

.cs 文件包含了 SelectedIndexChanged 事件的处理逻辑和显示当前选择的 ID 所需要的代码。当用户点击选择按钮时，SelectedIndexChanged 事件就被激发。这时，DataGrid 的标准命令"Select"被识别，其 SelectIndex 属性会相应改变，然后 OnSelectedIndexChangedTitlesGrid 得到执行。

在 OnSelectedIndexChangedTitlesGrid 函数中，我们调用了 UpdateSelectedTitleInfo 方法。此方法负责显示当前选择项目的信息，此处为简单地显示 ID 号。当然，可以根据这个 ID 关联的行，从而显示更多的信息。

ID 是通过存取 DataKeys 集合获得的。因为在 aspx 中指定了 DataKeyField 属性，我们可以使用这个集合。典型地，这个字段就是表的主键或者能够唯一确定一行的某个字段。根据这个字段，就可以获得当前选择项目更具体的信息。

本例显示了如何在显示数据之外，实现对数据的选择操作。DataGrid 还具有很多其他特性，如排序、分页、编辑、列模板等。这里就不详细展开了。

7.3.4 Repeater，DataList，DataGrid 的选择

Repeater，DataList，DataGrid 控件基于同样的编程模型。同时，每个控件又为着不同的目标而设计，所以，选择合适的控件非常重要。

从对象层次图可以看出，Repeater 是最轻最小的控件。它仅仅继承了基本控件的功能，包括 ID 属性、子控件集合等。另一方面，DataList 和 DataGrid 则继承了 WebControl 功能，包括样式和外观属性。

从对象模型看，Repeater 是最简单的控件，也是最小的数据绑定控件。它没有外观，也不表现为任何特定的用户界面。Repeater 也支持模板，但不支持内建的样式和外观属性。如果需要完全控制页面，用 Repeater 控件是一个最合适的选择。

DataList 具有 Repeater 的功能，并支持外观控制。它继承了 WebControl 的外观特性，并增加了一些样式属性，以控制其子控件的外观。DataList 也支持对项目的标准操作，如选择、编辑、删除。当需要产生横向或纵向的一系列项目时，采用 DataList 是最合适的。

DataGrid 控件实现了表格样式的列和行。和 DataList 类似，它也支持外观和样式控制。除了支持对项目的选择、编辑等操作，DataGrid 还支持对整个集合的操作，包括分页、排序等。DataGrid 和 DataList 的最大不同在于，DataGrid 不包含任何模板属性，这意味着项目或者表格的行不是模板化的。但是，通过加入 TemplateColumn 到某个列，可以在列上使用模板。

表 7-4 概括了列表控件的主要功能。

表 7-4 列表控件的主要功能

功　　能	Repeater	DataList	DataGrid
模板支持	Yes（必须）	Yes（必须）	在列中应用（可选）
表格外观	No	No	Yes
流式布局	Yes	Yes	No
列表/报纸样式布局	No	Yes	No
样式和外观属性	No	Yes	Yes
项目选择	No	Yes	Yes
项目编辑	No	Yes	Yes
删　　除	No	Yes	Yes
分　　页	No	No	Yes
排　　序	No	No	Yes

7.4 小　　结

本章主要讲述了如何把取得的 DataSet 对象和其他的数据绑定控件相结合，产生我们所期望的页面表现模式的方法。数据绑定控件的使用，不外是首先对 DataSource 指定数据的来源，然后使用 DataBind() 方法把数据绑定到控件上。比较麻烦一点的是控件模板的定义，它的使用方法比较灵活，谁也不可能把它一一列举。不过笔者认为基础在于 ItemTemplate 模板，只要掌握了它，其余的细节比较容易掌握。

第8章 项目实战之电子商铺

本章通过一个在线销售的电子商铺系统实例，讲解使用 Visual C#.NET 和 SQL Server 来定制一个销售平台应用程序的方法。通过该信息平台，客户可以进行会员身份验证、查看购物车、更新购物车、查询订单和查找商品等操作。

本章将讲解典型的电子商铺系统的设计和实现。把它作为第一个案例是因为它应用普遍，以及包含 Visual C#.NET 和 Visual C#等基础知识。

本章最大的特色就是在系统设计过程中根据所涉及的知识点专门预留了功能练习，详细内容将在学习过程中具体介绍。

8.1 系统设计

系统设计主要包括客户需求的总结、功能模块的划分和系统流程的分析。根据客户的需求总结系统主要需要完成的功能，以及将来拓展需要完成的功能，然后根据设计好的功能划分出系统的功能模块，以方便程序的管理和维护，最后设计出系统的流程。接下来，将对系统设计的前期准备做详细介绍。

8.1.1 系统功能描述

电子商务的概念已经遍布全球。伴随着电子商务网站的大量涌现，企业网站已经成为一种营销捷径。一个小型的电子商铺系统应该具有以下几个功能：

（1）会员登录功能：会员登录后才可以实现购物车功能，以及查看订单功能。
（2）购物车功能：方便记载用户购买的商品。
（3）商品查找功能：可以使用户直接搜索所需要的产品。当产品数量很多的时候该项功能对用户来说是非常方便的。
（4）订单查询功能：该功能是为了方便查询会员的所有订单情况而设立的。
（5）商品分类列表：一般商品会有好多品种。在进行分类的时候，这项功能就非常有用。当用户需要某种类型的商品时，可使用该功能看到所有属于该类型的商品。
（6）最受欢迎商品功能：该功能是为了提高网站对用户的吸引力而设立的。
（7）商品详细信息功能：该功能是为了使用户了解商品的详细信息而设立的。

8.1.2 功能模块划分

电子商铺系统应该具有购物车信息管理、订单信息管理、商品信息管理等功能。根据系统功能的需求分析，把该系统的功能划分为7个模块。

（1）会员登录模块：会员登录后，可以实现会员的许多特殊功能。本功能模块预留了注册功能模块和会员信息修改模块，希望读者认真练习以达到学习的真正目的。
（2）购物车模块：若用户对某件商品感兴趣，可以通过该功能将商品放入自己的购物车，同超级市场中的购物篮、购物车有同样的功能，可以在购物车中添加或删除商品。

（3）订单查询模块：通过订单查询功能，会员可以查找到自己的所有订单信息。

（4）商品查找模块：通过选择商品分类并输入要查询的商品名称可以查询商品的详细信息。这里也预留了部分功能练习，如可以增加高级查询功能。读者可以发挥自己的想象力来完善该系统，使其成为更有用的工具。

（5）商品分类列表模块：通过分类商品列表，用户可以方便地在某类商品列表中查看该类所有的商品。

（6）最受欢迎商品模块：通过最受欢迎商品模块，用户可以查看销售量为前6位的商品信息。

（7）商品详细信息模块：通过商品详细信息模块，用户可以查看商品的详细信息。电子商铺系统的功能模块如图8-1所示。

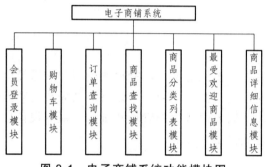

图8-1 电子商铺系统功能模块图

8.1.3 系统流程分析

电子商铺系统为顾客提供一个类似于超级市场的网络界面。通过网络界面，会员登录后执行各种操作，非会员可以查找商品信息、查看首页面的最受欢迎商品等信息。图8-2所示为电子商铺的系统流程图。

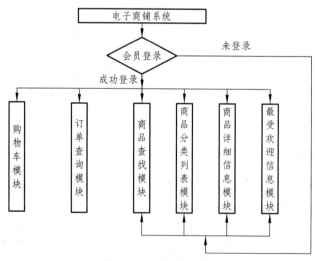

图8-2 系统流程图

8.2 数据库设计

数据库结构设计的好坏直接影响到信息管理系统的效率和实现的效果。合理地设计数据库结构可以提高数据存储的效率，保证数据的完整和统一。数据库设计一般包括以下几个步骤：
（1）数据库需求分析。
（2）数据库概念结构设计。
（3）数据库逻辑结构分析。

8.2.1 数据库需求分析

电子商铺系统的数据库功能主要体现在对各种信息的提供、保存、更新和查询操作上，包括会员信息、商品信息、商品分类信息、购物车信息、订单信息和订单详细信息，各个部分的数据内容又有内在联系。针对该系统的数据特点，可以总结出以下需求：
（1）具有会员身份的用户才可以执行购物车功能。
（2）会员信息记录会员的详细资料，方便订单的发送及货物的邮寄。
（3）商品信息记录了商品的价格、简介、图片等信息。
（4）商品需要一个分类，以方便查找。
（5）购物车需要有购物车编号等特性。
（6）订单记录了用户提交的购物信息。
经过上述系统功能分析和需求总结，可设计如下的数据项和数据结构：
（1）商品信息，包括商品编号、商品名称、销售价格等数据项。
（2）会员信息，包括会员编号、会员姓名、会员地址等数据项。
（3）商品分类信息，包括分类编号和分类名称等数据项。
（4）购物车信息，包括购物车编号、商品编号、商品数量等数据项。
（5）订单信息，包括订单编号、会员编号和下订单日期等数据项。
（6）订单详细信息，包括订单编号、商品编号、消费金额等数据项。

8.2.2 数据库概念结构设计

得到上面的数据项和数据结构后，就可以设计满足需求的各种实体及相互关系，再用实体-关系图，即 E-R(Entity-Relationship)图将这些内容表达出来，为后面的逻辑结构设计打下基础。

本系统规划出的实体有会员信息实体、商品信息实体、商品分类信息实体、购物车信息实体、订单信息实体和订单详细信息实体，它们之间的关系如图 8-3～图 8-8 所示。

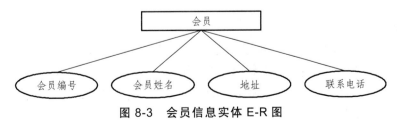

图 8-3 会员信息实体 E-R 图

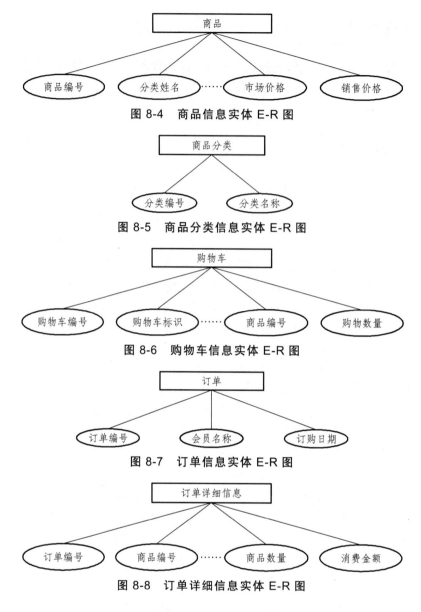

图 8-4 商品信息实体 E-R 图

图 8-5 商品分类信息实体 E-R 图

图 8-6 购物车信息实体 E-R 图

图 8-7 订单信息实体 E-R 图

图 8-8 订单详细信息实体 E-R 图

8.2.3 数据库逻辑结构设计

有了数据库概念结构设计,数据库的设计就简单多了。在电子商铺系统中,首先要创建电子商铺系统数据库,然后在数据库中创建需要的表和字段。如果有需要,还可以设计视图、存储过程及触发器。下面分别讲述电子商铺系统中数据库的设计。

1. 创建数据库

在 Visual Studio.NET 开发环境中,启动"服务器资源管理器"窗口,在 SQL Server 服务器节点右击,在弹出的快捷菜单中选择"新建数据库"命令打开"创建数据库"对话框,在"新数据库名"文本框中输入 StoreOnline,选择"使用 Windows NT 集成安全性"单选按钮,如图 8-9 所示。

图 8-9 "创建数据库"对话框

2. 创建表与字段

在这个数据库管理系统中要建立 6 张数据表,分别是会员信息表、商品信息表、商品分类信息表、购物车信息表、订单信息表和订单详细信息表。

1) 会员信息表

会员信息表(User)记录会员的详细信息,其结构如表 8-1 所示。

表 8-1 会员信息表

列 名	数据类型	长 度	是否允许为空
UserID	int	4	否
UserName	nvarchar	16	否
Password	nvarchar	12	否
Name	nvarchar	10	否
EMail	nvarchar	50	否
IDCardNumber	nvarchar	18	否
TelephoneNumber	nvarchar	12	否
Address	nvarchar	50	否
ZoneCode	nvarchar	10	否
Mobilephone	nvarchar	12	是
Oicq	nvarchar	20	是
MSN	nvarchar	50	是

2) 商品信息表

商品信息表(Products)记载商品的分类编号、商品名称、商品简介、图片位置、市场价格、销售价格等详细信息,其结构如表 8-2 所示。

表 8-2　商品信息表

列　名	数据类型	长　度	是否允许为空
ProID	int	4	否
CatID	int	4	否
ProName	nvarchar	50	否
ProImages	nvarchar	50	是
ProMarketPrice	money	8	否
ProPrice	money	8	否
ProIntro	nvarchar	500	否
ProAmount	int	4	否
ProSales	int	4	否

3）商品分类表

商品分类表（Categories）记录商品的分类信息，其结构如表 8-3 所示。

表 8-3　商品分类表

列　名	数据类型	长　度	是否允许为空
CatID	Int	4	否
CatName	nvarchar	50	否

4）购物车信息表

购物车信息表（ShopCart）记载购物车的编号、商品名称、数量、价格等，其结构如表 8-4 所示。

表 8-4　购物车信息表

列　名	数据类型	长　度	是否允许为空
CartID	int	4	否
CartIDString	nvarchar	50	否
ProID	int	4	否
ProQuantity	int	4	否
ShoppingDate	datetime	8	否

5）订单信息表

订单信息表（Orders）记录订单的用户编号及订单日期，其结构如表 8-5 所示。

表 8-5 订单信息表

列　名	数据类型	长　度	是否允许为空
OrderID	int	4	否
UserID	int	4	否
OrderDate	datetime	8	否

6）订单详细信息表

订单详细信息表（OrderContent）包括订单中的商品数量和价格，其结构如表 8-6 所示。

表 8-6 订单详细信息表

列　名	数据类型	长　度	是否允许为空
OrderID	int	4	否
ProID	int	4	否
ProQuantity	int	4	否
UnitCost	int	4	否

3. 创建存储过程

为保证系统具备良好的可扩展性，有些业务规则可以以存储过程方式放在数据库服务器上。存储过程提供了数据驱动应用程序中的许多优点。利用存储过程，可以将数据库操作封装在单个命令中，为获取最佳性能而进行优化并通过附加的安全性增强系统安全性。

在 Visual Studio.NET 集成开发环境中创建存储过程可以在"服务器资源管理器"窗口中的"存储过程"节点右击，在弹出的对话框中选择"新建存储过程"命令，如图 8-10 所示。在弹出的如图 8-11 所示的存储过程编写窗口中写入代码。

图 8-10 新建存储过程

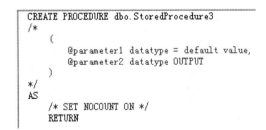

图 8-11 编写存储过程代码

在电子商铺系统中，需要创建如表 8-7 所示的存储过程。表 8-7 中列举了各个存储过程的功能。读者安装数据库后可以通过 SQL Server 2000 的企业管理器查看这些存储过程的代码。

表 8-7 存储过程

存储过程	描 述
AddItemtoShoppingCart	添加一个商品到购物车
AddOrder	添加一个订单信息
CountShoppingCartItem	获取购物车中商品数量
DisplayShoppingCart	获取购物车中商品的详细信息
EmptyShoppingCart	清空购物车
ListOrders	实现订单列表
ListProCategory	商品目录列表
MostSoldProducts	读取最受欢迎商品信息
OrdersDetail	获取订单详细信息
ProByCategory	获取某目录下的所有商品
ProDetail	获取商品的详细信息
RemoveShoppingCartItem	从购物车上清除某件商品
SearchPro	根据查询条件搜索商品
ShoppingCartTotalCost	获取购物车上商品总消费额
TransplantShoppingCart	实现购物车内商品转移到新的购物车
UpdateShoppingCart	更新购物车中商品数量
UserInfo	获取会员详细信息
UserLogin	会员登录验证

8.3 连接数据库

电子商铺系统使用 Visual C#和 SQL Server 来进行开发。为了使系统正常工作，需要建立与数据库系统的连接来读取和写入数据。

一般来讲，可以有两种方式连接数据库。一种是在窗体中直接添加 SqlConnection，并通过直接设置其 ConnectionString 属性来连接数据库；另一种方式是创建一个连接类。在本系统中使用配置文件 Web.config 中的配置段<appSettings>来定义数据库连接字符串。

Web.config 配置文件：

```
<?xml version="1.0" encoding="utf-8" ?>
<configuration>
  <appSettings>
    <add key="connstr" value="persist security info=False;Integrated Security=SSPI;server=WJD;Trusted_Connection=true;database=Store Online" />
  </appSettings>
```

```
<system.web>
    <!-- 动态调试编译
```
设置 compilation debug="true"以启用 aspx 调试。否则，将此值设置为 false 将提高此应用程序的运行性能。

设置 compilation debug="true"以将调试符号（.pdb 信息）插入到编译页中。因为这将创建执行起来较慢的大文件，所以应该只在调试时将此值设置为 true，而在所有其他时候都设置为 false。更多信息，请参考有关调试 ASP.NET 文件的文档
```
    -->
    <compilation
            defaultLanguage="vb"
            debug="true"
    />
    <!-- 自定义错误信息
```
　　　　设置 customErrors mode="On 或"RemoteOnly"以启用自定义错误信息，或设置为"Off"以禁用自定义错误信息。

　　　　为每个要处理的错误添加<error>标记。

　　　　"On"始终显示自定义（友好的）信息。

　　　　"Off"始终显示详细的 ASP.NET 错误信息。"RemoteOnly"只对不在本地 Web 服务器上运行的用户显示自定义（友好的）信息。出于安全目的，建议使用此设置，以便不向远程客户端显示应用程序的详细信息。
```
    -->
    <customErrors
    mode="RemoteOnly"
    />
    <!-- 身份验证
```
　　　　此节设置应用程序的身份验证策略。可能的模式是"Windows""Forms"了"Passport"和"None" "None"不执行身份验证。

　　　　"Windows" IIS 根据应用程序的设置执行身份验证（基本、简要或集成 Windows）。在 IIS 中必须禁用匿名访问。

　　　　"Forms"为用户提供一个输入凭据的自定义窗体（Web 页），然后在应用程序中验证身份。用户凭据标记存储在 Cookie 中。

　　　　"Passport"身份验证是通过 Microsoft 的集中身份验证服务执行的，它为成员站点提供单独登录和核心配置文件服务。
```
    -->
    <authentication mode="Forms">
        <forms name="ShopOnlineAuth" loginUrl="Login.aspx"
protection="All" path="/" />
    </authentication>
```

```
<!-- 授权
        此节设置应用程序的授权策略。可以允许或拒绝不同的用户或角色访问应
用程序资源。
    通配符："*" 表示任何人，"?"表示匿名(未经身份验证的)用户。
-->
    <authorization>
        <allow users="*" /> <!-- 允许所有用户 -->
        <!-- <allow       users="[逗号分隔的用户列表]"
                          roles="[逗号分隔的角色列表]"/>
              <deny       users="[逗号分隔的用户列表]"
                          roles="[逗号分隔的角色列表]"/>
        -->
    </authorization>
<!-- 应用程序级别跟踪记录
        应用程序级别跟踪为应用程序中的每一页启用跟踪日志输出。
        设置 trace enabled="true"可以启用应用程序跟踪记录。如果 pageOutput="true"，
则在每一页的底部显示跟踪信息。否则，可以通过浏览 Web 应用程序根目录中的"trace.axd"
页来查看应用程序跟踪日志。
-->
    <trace
        enabled="false"
        requestLimit="10"
        pageOutput="false"

traceMode="SortByTime"
localOnly="true"
    />
    <!-- 会话状态设置
        在默认情况下，ASP.NET 使用 Cookie 来标识哪些请求属于特定的会话。
        如果 Cookie 不可用，则可以通过将会话标识符添加到 URL 来跟踪会话。
        若要禁用 Cookie，应设置 sessionState cookieless="true"。
-->
    <sessionState
            mode="InProc"
            stateConnectionString="tcpip=127.0.0.1:42424"
            sqlConnectionString="data source=127.0.0.1;Trusted_Connection=yes"
            cookieless="false"
            timeout="20"
```

```xml
        />
        <!-- 全球化
            此节设置应用程序的全球化设置。
        -->
        <globalization
                requestEncoding="utf-8"
                responseEncoding="utf-8"
        />
    </system.web>
    <!-- set secure paths -->
    <location path="Checkout.aspx">
        <system.web>
            <authorization>
                <deny users="?" />
            </authorization>
        </system.web>
    </location>
    <location path="OrderList.aspx">
        <system.web>
            <authorization>
                <deny users="?" />
            </authorization>
        </system.web>
    </location>
    <location path="OrderDetails.aspx">
        <system.web>
            <authorization>
                <deny users="?" />
            </authorization>
        </system.web>
    </location>
</configuration>
```

其中，<appSettings>配置节定义数据库连接字符串。如果数据库名称或者其他信息需要更改，可在这里修改。

8.4 界面设计

从系统功能模块分析中可知，电子商铺系统的界面应该分为以下 8 大部分：

（1）系统首页面界面。
（2）会员登录模块界面。
（3）商品查找模块界面。
（4）商品分类列表模块界面。
（5）最受欢迎商品模块界面。
（6）商品详细信息模块界面。
（7）购物车模块界面。
（8）订单查询模块界面。

下面对电子商铺系统关键部分的界面进行介绍。

8.4.1 系统首页面界面设计

系统首页面是用户进入商城后的第一个显示页面，因此，一个漂亮的首页面是很受用户欢迎的。在本系统中，首页面是由以下几个用户控件组合而成的，如图 8-12 所示。

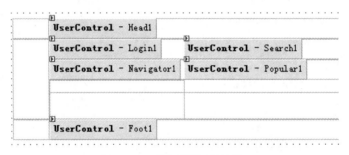

图 8-12 首页面界面设计

（1）Head 用户控件：是首页的头部分设计。由于该页面在系统的其他页面中也会使用同样的设计，所以单独作为一个页面控件来设计，以方便程序员的维护。

（2）Login 用户控件：控制会员的登录。

（3）Navigator 用户控件：显示商品的信息列表。

（4）Search 用户控件：用来查找商品信息。

（5）Popular 用户控件：显示销量排行前 6 位的商品信息。

（6）Foot 用户控件：记录系统的版权以及其他一些信息。该控件同 Head 控件类似，也会经常在其他页面中出现。

Head 用户控件的设计如图 8-13 所示。

图 8-13 Head 用户控件

Foot 控件可以由读者自行设计，这里就不再详细列出。

8.4.2 会员登录模块界面设计

会员登录比较简单,主要包含获取用户输入信息的 TextBox 控件和响应登录事件的 Button 控件。设计好的界面如图 8-14 所示。

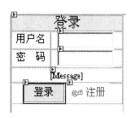

图 8-14 会员模块界面设计

8.4.3 商品查找模块界面设计

商品查找功能模块方便用户直接搜索所需要的商品。该模块的界面设计包括两个部分,一个是嵌在商城首页的 Search.ascx 用户控件,另外一个是查询结果页面 SearchResult.aspx。

查找用户控件设计比较简单,主要包括用户输入控件 TextBox 和用户选择商品类型控件 DropDownList。设计好的界面如图 8-15 所示。

图 8-15 Search 用户控件

查找结果的页面主要使用一个 DataList 控件,用来绑定查找到的结果信息。该页面的设计结果如图 8-16 所示。

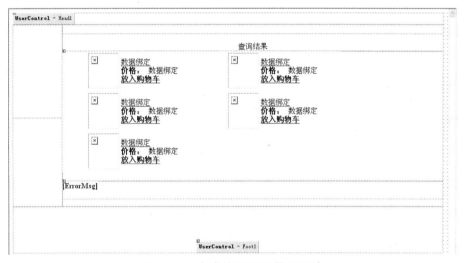

图 8-16 查找结果页面界面设计

8.4.4 商品分类列表模块界面设计

该模块主要为用户显示所有的商品分类,通过该分类信息,可以查看所有属于该分类的商品信息。该模块界面比较简单,主要使用一个 DataList 控件,用来绑定商品的分类信息。设计好的界面如图 8-17 所示。

图 8-17 商品分类列表模块界面设计

8.4.5 最受欢迎商品模块界面设计

最受欢迎商品模块即 Popular 用户控件，用来显示销售量排行前 6 位的商品信息。

该控件嵌套于首页，界面也比较简单，使用 DataList 控件把销量排行前 6 位的商品信息显示给用户。设计好的界面如图 8-18 所示。

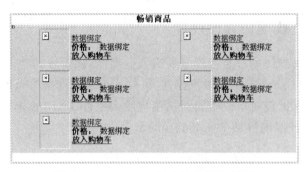

图 8-18　Popular 用户控件界面设计

8.4.6 商品详细信息模块界面设计

商品详细信息模块的页面是顾客单击任何一个商品名称所显示的页面，该页面包含该商品的名称、图片、市场价格、销售价格等信息。

该页面同首页界面类似，使用了较多 Web 用户控件。为了显示商品的详细信息，还使用了 Image 控件和 Label 控件。设计好的界面如图 8-19 所示。

图 8-19　商品详细信息模块界面设计

8.4.7 购物车模块界面设计

购物车模块是电子商铺系统的一个主要模块，该模块主要包括以下几个文件：

（1）AddToCart.aspx 文件。

（2）ShoppingCart.aspx 文件。

（3）CheckOut.aspx 文件。

AddToCart 文件主要完成获取购物车编号，并把购物信息添加到购物车里的操作。该页面功能完成后直接跳转到 ShoppingCart 页面，因此不需要页面设计。

购物车页面主要显示用户的购物信息，使用 DataGrid 控件绑定由 AddToCart 文件中获取的购物车信息以及购物车内的商品信息。设计好的界面如图 8-20 所示。

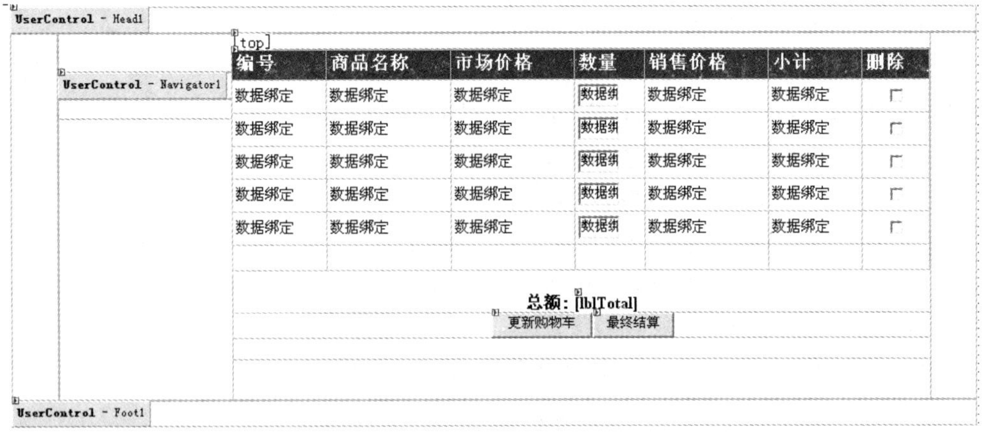

图 8-20 购物车页面界面设计

在本页面中的 DataGrid 控件添加两个模板列,在这两列中又分别添加一个 TextBox 控件和一个 CheckBox 控件。

结算页面的设计同购物车页面的界面设计类似,如图 8-21 所示。该页面中添加一个显示结算总额的 Label 控件和一个显示订单编号的 Label 控件。

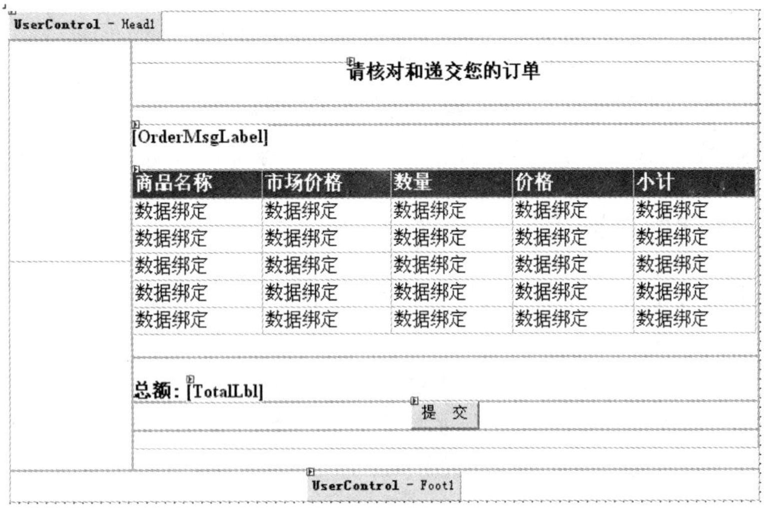

图 8-21 结算页面界面设计

结算页面的主要控件是 DataGrid 数据列表控件。
结算页面数据列表控件实现代码如下:

```
<asp:datagrid id="MyDataGrid" runat="server" BackColor="White"
BorderWidth="1px" BorderStyle="None"
Font-Names="Verdana" AutoGenerateColumns="False" Font-Size="12pt"
Font-Name="Verdana" cellpadding="2"
BorderColor="#CCCCCC" width="545px">
<SelectedItemStyle Font-Bold="True" ForeColor="White"
```

```
BackColor="#668888"></SelectedItemStyle>
<ItemStyle ForeColor="#000066"></ItemStyle>
<HeaderStyle Font-Bold="True" ForeColor="White"
BackColor="#006688"></HeaderStyle>
<FooterStyle ForeColor="#000066" BackColor="White"></FooterStyle>
<Columns>
<asp:BoundColumn DataField="ProName" HeaderText="商品名称
"></asp:BoundColumn>
<asp:BoundColumn DataField="ProMarketPrice" HeaderText="市场价格"
DataFormatString="{0:c}"></asp:BoundColumn>
<asp:BoundColumn DataField="ProQuantity" HeaderText="数量
"></asp:BoundColumn>
<asp:BoundColumn DataField="ProPrice" HeaderText="价格"
DataFormatString="{0:c}"></asp:BoundColumn>
<asp:BoundColumn DataField="ExtendedAmount" HeaderText="小计"
DataFormatString="{0:c}"></asp:BoundColumn>
</Columns>
<PagerStyle HorizontalAlign="Left" ForeColor="#000066"
BackColor="White" Mode="NumericPages"></PagerStyle>
</asp:datagrid>
```

8.4.8 订单查询模块界面设计

通过该功能模块，用户可以方便地查找所有的订单信息。使用该模块的前提是会员已登录，否则将先进入登录页面。

该模块包括 OrderList.aspx 和 OrderDetails.aspx 两个文件，即订单列表页面和订单详细信息页面。订单列表页面主要给用户显示所有订单列表，界面如图 8-22 所示。订单详细信息页面显示订单中的详细信息，界面如图 8-23 所示。

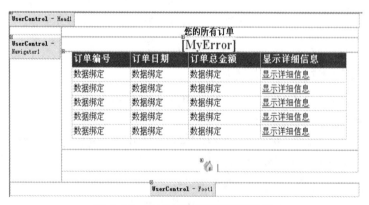

图 8-22 订单列表页面界面设计

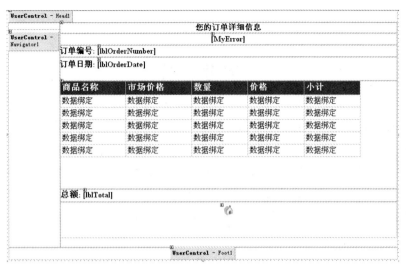

图 8-23 订单详细信息页面界面设计

8.5 模块功能设计与代码实现分析

电子商铺系统的功能模块主要分为以下几个部分：
（1）系统登录模块。
（2）商品查找模块。
（3）商品分类列表模块。
（4）最受欢迎商品模块。
（5）商品详细信息模块。
（6）购物车模块。
（7）订单查询模块。

电子商铺系统关键模块的设计和代码实现，由于篇幅有限，书中不做介绍，感兴趣的读者可通过邮箱（162848755@qq.com）联系笔者。

参考文献

[1] 明日科技.C#项目案例分析[M].北京：清华大学出版社，2012.
[2] 谭恒松.C#程序设计与开发[M].北京：清华大学出版社，2010.
[3] 邵顺增，李琳.C#程序设计 Windows 项目开发[M].北京：清华大学出版社，2008.
[4] 唐政，房大伟.C#项目开发全程实录[M].北京：清华大学出版社，2008.
[5] 曾建华.Visual Studio2010（C#） Windows 数据库项目开发[M].北京：电子工业出版社，2012.